ÉTUDES ANATOMIQUÉS ET EMBRYOGÉNIQUES

SUR LE

PYROSOMA GIGANTEUM

PARIS. — TYPOGRAPHIE A. HENNUYER, RUE DARCET, 7.

ÉTUDES ANATOMIQUES ET EMBRYOGÉNIQUES

SUR LE

PYROSOMA GIGANTEUM

SUIVIES DE RECHERCHES SUR LA FAUNE

DE

BRYOZOAIRES DE ROSCOFF ET DE MENTON

PAR LE DOCTEUR

LUCIEN JOLIET

MAITRE DE CONFÉRENCES A LA FACULTÉ DES SCIENCES DE PARIS

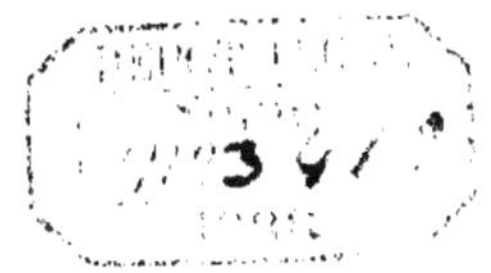

PARIS

TYPOGRAPHIE A. HENNUYER

RUE DARCET, 7

—

1888

AVERTISSEMENT

Ceci est l'œuvre dernière de Lucien Joliet.

Déjà remarqué dans le monde scientifique par ses importantes recherches sur les Bryozoaires, les Rotateurs et les Tuniciers, ce jeune savant vient d'être ravi à la science et à ses chères études à l'âge de trente-trois ans.

Notre intention n'est pas de donner sa biographie, mais nous tenons à dire quelle fut la cause de cette fin prématurée, parce qu'il est toujours utile de citer un grand exemple de courage et de désintéressement.

Doué d'une santé robuste, il ne comptait pas avec ses forces, et, en 1871, lorsque Paris fut assiégé, il s'engagea dans la garde nationale, n'ayant encore que seize ans. C'est là qu'il prit le germe de la maladie à laquelle il a fini par succomber.

Les exemples de ce genre sont si communs qu'on ne les cite pas. Mais Joliet fit plus. Pour éviter des corvées et procurer une nourriture un peu moins insuffisante à des personnes qui lui étaient chères, il doubla pour lui des fatigues déjà excessives et réduisit volontairement sa ration déjà trop faible, sans une plainte, sans une défaillance, pendant de longues semaines, jusqu'au moment où Paris fut ravitaillé.

Les premières atteintes du mal ne lui enlevèrent pas tout d'abord ses forces, et pendant longtemps il put croire qu'il guérirait. Mais depuis quelques années il ne se faisait plus illusion sur la gravité de son état. Cela ne l'empêcha pas de travailler sans relâche jusqu'à la dernière minute, et pendant ces années qui furent un long martyre, personne, même parmi ses intimes, ne l'entendit proférer une plainte ou une récrimination.

Avant même d'avoir terminé son mémoire sur les Mélicertes, il avait commencé l'étude des Tuniciers et jeté les bases d'un grand travail sur les animaux de cette classe. Le nombre considérable de dessins et de croquis qu'il a laissés montre toute l'importance qu'auraient eue ces recherches, s'il avait pu les achever. Il a succombé trop tôt et nombre d'observations pleines d'intérêt sont perdues.

C'est à nous qu'il a légué le soin de réunir ses notes, qui remontent à l'année 1886, et de publier ce qui était assez avancé pour pouvoir être compris. Nous sommes fier de ce choix, car il est la preuve d'une estime et d'une confiance qu'il n'accordait pas légèrement, mais combien nous déplorons de laisser perdre forcément tant de notes et de croquis dont nous sentons tout l'intérêt sans pouvoir les lier ensemble suffisamment pour les publier.

Sa femme, qui travaillait souvent avec lui, nous a aidé de ses souvenirs dans ce triage délicat, et c'est à elle que ce livre aura dû d'être publié.

Partagé entre le désir de compléter ce qui n'était

pas tout à fait achevé et la crainte d'altérer l'idée de
l'auteur, nous avons le plus souvent obéi à ce dernier
sentiment et fort peu modifié le texte original. En
outre, toutes les fois que cela a été possible, nous
avons mis entre crochets [ ] les éclaircissements que
nous avons cru devoir ajouter.

Y. DELAGE.

Paris, le 15 février 1888.

ÉTUDES ANATOMIQUES ET ZOOLOGIQUES

SUR

LE PYROSOMA GIGANTEUM

I

Depuis que Péron découvrit le Pyrosome, en 1804, c'est-à-dire pendant une période de soixante-dix-huit ans, dix-sept notes ou mémoires originaux ont été publiés sur ce seul genre par onze auteurs différents, et, parmi ces derniers, Lesueur, Savigny, Huxley et Kowalewski ont poussé si avant leurs investigations que chercher après eux semble, au premier abord, une entreprise inutile et ingrate. Cependant, mes prédécesseurs, indiquant eux-mêmes les lacunes qu'ils n'ont pu combler, l'intérêt qui s'attachait aux questions litigieuses m'engagea à les suivre. Chemin faisant, l'étude attentive de ce type si remarquable me mit sur la trace de tant de problèmes inattendus, que je trouvai encore laborieuse la tâche qui m'était laissée.

Intermédiaire, par son organisation et par son genre de vie, entre les Tuniciers flottants et les Tuniciers fixés, entre les Ascidies d'une part, les Salpes et les Doliolum de l'autre, appartenant aux uns comme aux autres à différents titres, le Pyrosome, déjà si intéressant par ses propriétés photogéniques, constitue un type remarquable, type moyen parmi les Tuniciers et mérite toute l'attention que lui ont donnée des observateurs éminents.

Bien que l'ensemble des recherches que je publie aujour-
d'hui ait pour objet essentiel l'étude de la blastogénèse,
le mode d'accroissement de la colonie et le développement
des organes de l'individu, on y trouvera jointes quelques
observations relatives à l'anatomie et à la biologie que j'ai
pu faire chemin faisant sur ce curieux animal, et qui ser-
viront à en compléter l'histoire.

Avant de commencer l'exposé de mes recherches, je crois
utile de résumer sommairement les connaissances acquises
précédemment sur le Pyrosome.

Ce résumé servira d'introduction à mon travail, il mettra
au courant des questions litigieuses les zoologistes qui n'ont
pas fait des Tuniciers une étude spéciale. Il me semble
d'autant moins inutile que depuis Savigny, c'est-à-dire depuis
soixante-six ans, si l'on excepte les rapides aperçus de
C. Vogt et la note importante, mais courte et spéciale, de
H. Milne Edwards sur la circulation, aucun mémoire n'a
paru en français sur ce sujet. De plus, les traités de zoologie
publiés ou traduits dans notre langue ne sauraient, comme
nous le verrons, donner aux étudiants, sur le Pyrosome, que
des données ou incomplètes ou inexactes.

II

BIBLIOGRAPHIE.

1. Péron, *Mémoire sur le nouveau genre Pyrosoma* (*Annales du Muséum,*
t. IV, 1804).

L'auteur a fait les observations que contient ce travail
pendant la traversée d'Europe à l'Ile-de-France, dans l'Atlantique équatorial, pendant une période de calme interrompue
par des bourrasques, entre le 19ᵉ et le 20ᵉ degré de longitude ouest et le 3ᵉ et le 4ᵉ degré de latitude boréale.

Les échantillons mesuraient 10, 12, 14, 16 centimètres. A l'entrée, on remarque un anneau de gros tubercules. Au repos, ces animaux sont d'un jaune opalin mêlé de vert assez désagréable, mais dans les mouvements de contraction spontanée qu'il exerce, dans ceux que l'observateur peut déterminer à son gré par la plus légère irritation, l'animal s'embrase et devient presque instantanément d'un rouge de fer fondu, d'un éclat extrêmement vif, puis passe par une série de teintes telles que le rouge, l'aurore, l'orangé, le verdâtre et le bleu d'azur.

Cette phosphorescence se présente ainsi avec les caractères d'une fonction régulière et naturelle.

« En effet, si l'on abandonne dans un vase rempli d'eau de mer un ou plusieurs individus de ce genre, on les voit, à des intervalles isochrones, éprouver un léger mouvement alternatif de contraction et de dilatation analogues à ceux de l'inspiration et de l'expiration dans les animaux les plus parfaits. Avec chacun de ces mouvements, on voit la phosphorescence se développer dans la contraction, s'affaiblir ensuite insensiblement, disparaître tout à fait pour se reproduire bientôt dans le mouvement de contraction suivant. On peut, à son gré, l'entretenir plus longtemps, la développer plus ou moins vivement suivant qu'on irrite l'animal.

« La faculté locomotive, encore plus que la vie, paraît obscure et bornée dans cet animal. Elle semble, en effet, consister exclusivement dans ce léger mouvement de contraction que je viens de décrire, et dont l'effet nécessaire est de déterminer un léger mouvement de répulsion, et conséquemment de progression rétrograde ; c'est du moins ce que j'ai pu observer moi-même à cet égard. »

2. *Mémoire sur quelques nouvelles espèces d'animaux mollusques et radiaires recueillis dans la Méditerranée, près de Nice,* par M. Lesueur (*Nouveau Bulletin de la Société philomathique,* juin 1813, p. 283).

Pyrosome élégant. — *Pyrosoma elegans.* — « Il a plusieurs des caractères du genre Pyrosome établi par Péron et Lesueur dans les *Annales du Muséum,* 24° cahier, p. 137, pl. LXXII. Son corps est libre, presque conique ; sa bouche est située à l'extrémité la plus large et est garnie d'un cercle de tubercules ; l'intérieur du corps est vide.

« Toute cette conformation lui est commune avec le *Pyrosoma atlanticum ;* mais celui-ci, beaucoup plus grand, a les tubercules qui le couvrent entièrement très irréguliers par rapport à leur grosseur et à leur disposition, tandis que le Pyrosome élégant, généralement granuleux, est garni de zones circulaires également espacées et formées par des tubercules assez gros et piriformes. Ces tubercules sont creux, et chacun d'eux est percé d'un trou qui communique avec l'intérieur de l'animal. Les zones sont au nombre de six ; la dernière est terminale et formée seulement de quatre tubercules plus gros que les autres.

« M. Lesueur a observé une seconde ouverture à cet animal, située au centre de ces quatre tubercules ; il la considère comme étant l'anus. On sait que cette conformation n'existe pas dans le Pyrosome atlantique, chez lequel M. Péron « n'a pu découvrir aucune trace d'ouverture, pas « même à la loupe » ; d'ailleurs, ce caractère très important qui pourrait bien faire séparer le Pyrosome élégant du genre Pyrosome, lui est commun avec une grande espèce trouvée dans la Méditerranée par le même naturaliste, et qui sera l'objet d'un mémoire particulier. »

3. *Sur l'organisation des Pyrosomes et la place qu'ils doivent occuper dans une classification naturelle*, par M. Lesueur (Mémoire lu à la Société philomathique le 4 mars 1815).

« La locomotion des Pyrosomes est très simple ; ils flottent au gré des courants comme les Salpa et les Stephanomies ; ils paraissent cependant pouvoir se contracter individuellement et avoir aussi un mouvement général, mais fort léger, qui fait entrer dans leur cavité commune l'eau qui doit baigner leurs branchies et amener les petits animaux dont ils font leur nourriture. »

Le Pyrosome géant qui est l'objet principal de ce mémoire diffère du Pyrosome élégant en ce que ses animaux ou tubercules sont placés irrégulièrement, que chacun d'eux est déprimé et lancéolé à son extrémité libre, l'anus étant inférieur. Le Pyrosome élégant, au contraire, a ses animaux disposés en verticilles ; celui-ci a aussi pour caractère des branchies moins allongées ; le Pyrosome atlantique a ses animaux irrégulièrement placés, mais non lancéolés ; il n'a été observé qu'un seul moment.

4. Lesueur, *Mémoire sur l'organisation des Pyrosomes* (*Journal de physique*, 1815, t. LXXX).

« Ce genre a été formé par Péron sur une espèce d'animal marin que nous rencontrâmes dans le grand Océan, par le travers du cap de Bonne-Espérance, et auquel il donna le nom spécifique de *Pyrosoma atlanticum*.

« A Nice, le voyage que nous fîmes depuis nous fit connaître deux animaux que nous crûmes devoir rapporter à notre genre *Pyrosoma*. Je décrivis, dans le mois de juin 1813, le plus petit d'entre eux (sous le nom de Pyrosome élégant), dans le nouveau *Bulletin de la Société philomathique* ; celui-ci ayant la forme générale que nous avions reconnue au *Pyro-*

soma atlanticum, en diffère cependant par l'arrangement
régulier des tubercules de son corps, qui sont disposés en
verticilles, et parce que son extrémité opposée à l'ouverture
est composée de quatre tubercules (1). »

Les dimensions du Pyrosome atlantique ne sont guère
plus de 5 à 6 pouces ; celles du Pyrosome élégant guère plus
de 2 pouces et demi.

La troisième, la plus grande de toutes trouvée comme la
deuxième dans la mer de Nice, atteint jusqu'à 14 pouces :
c'est le *Pyrosoma giganteum*.

Lesueur examine l'anatomie, reconnaît les Ascidies et en
donne d'assez bons dessins, et conclut au classement du
Pyrosome parmi les Mollusques.

« Quant à leur locomotion, les Pyrosomes paraissent
dépourvus d'organes propres à cette fonction. On peut supposer, néanmoins, que par une contraction subite ils avancent
en chassant avec plus ou moins de force l'eau contenue dans
le sac général formé par leur réunion, et ils nous ont paru,
à la vérité, pouvoir produire des mouvements de contraction
isochrones semblables à ceux qu'on remarque dans les Mé-
duses, les Salpas, les Beroés, etc. Mais ces mouvements ne
sauraient être attribués qu'au besoin d'attirer vers les
bouches les petits corps qui doivent servir à la nutrition.

« Il nous a paru, en général, que les Pyrosomes flottaient
au hasard dans la mer à une profondeur plus ou moins considérable et obéissaient aux différents courants. »

5. Savigny, *Mémoire sur les animaux sans vertèbres*, 2e part., 1er fasc., 1816.
Système des Ascidies : LES LUCIES SOCIALES, genre *Pyrosoma*, p. 205.

La première famille comprend les Thetyes qui sont fixées ;
la seconde famille contient les Lucies flottantes.

1 *Nouveau Bulletin de la Société philomathique*, t. III, p. 238, pl. V.

Lucies sociales. — Genre XIV. — *Pyrosoma.* — Corps commun gélatineux creux, moins cylindrique que conique, ouvert à sa grosse extrémité et formé d'un seul système, dont les sommités, toutes saillantes à la surface extérieure, sont nombreuses, pressées et inégales.

Animaux perpendiculaires à leur axe commun et superposés les uns aux autres par rangs circulaires, orifices privés de rayons; le branchial ouvert sous la pointe, souvent appendiculée, des sommités extérieures et l'anal dans le tube intérieur.

Sac branchial non plissé, précédé d'un anneau membraneux et irrégulier placé immédiatement à l'entrée de l'orifice supérieur.

Abdomen inférieur aux branchies, dont il n'est d'ailleurs séparé par aucun étranglement beaucoup plus court. — Foie distinct, globuleux attaché à l'anse de l'intestin.

Ovaires : deux, opposés, situés vers l'extrémité supérieure de la cavité branchiale.

ESPÈCES.

I. — PYROSOMATA VERTICILLATA.

Animaux verticillés ou disposés par anneaux réguliers, plus saillants de distance en distance.

1° *Pyrosoma elegans.* — Pyrosome élégant. — *Pyrosoma elegans*, Lesueur, *Nouveau Bulletin des sciences*, juin 1813, p. 283, pl. V, fig. 2, et mai 1815, pl. I, fig. 4.

Observé par MM. Péron et Lesueur. Corps diaphane conique, long de 15 lignes, offrant 7 anneaux plus saillants, le premier et le dernier terminaux. Sommités particulières composant ces anneaux lancéolées à leur bout. Ouverture du tube grande et sans diaphragme annulaire.

Habite la mer de Nice. M. Lesueur a remarqué que le verticille qui termine le tube à son petit bout est formé par quatre tubercules, c'est-à-dire par quatre animaux. Il pense que cette disposition est propre à l'espèce dont il s'agit, mais avec un peu d'attention on la retrouve sur l'espèce suivante, où ces quatre animaux semblent les représentants des quatre petits fœtus, qui se développent dans l'œuf avant son émission.

II. — PYROSOMATA PANICULATA.

Animaux non verticillés formant des cercles très irréguliers et dont les sommités sont partout inégalement saillantes.

2° *Pyrosoma giganteum.* — Pyrosome géant. — Même ouvrage, p. 52, pl. IV, fig. 7, et pl. XXII et XXIII.

Pyrosoma giganteum, Lesueur, *Nouveau Bulletin des sciences*, mai 1815, p. 80, pl. I, fig. 1, 3, 5, 13; *Journal de physiologie*, juin 1815, fig. 1, 3, 5, 13.

Corps presque cylindrique à sommités extérieures très inégales, hémisphériques ou coniques, les plus saillantes ayant leur appendice ou papille terminale lancéolée, sub-carénée finement dentelée. Ouverture du tube communément rétrécie par un diaphragme annulaire. Orifices bruns. Longueur totale des plus grands tubes, 14 pouces. Ouverture, le diaphragme compris, 2 pouces. Grandeur individuelle variant de 3 à 5 lignes, suivant que le cou du thorax est plus ou moins prolongé ; circonstance qui est indépendante de l'âge des individus.

Les Pyrosomes de cette espèce que j'ai examinés m'ont offert les variétés suivantes :

A. Corps possédant tant à l'intérieur qu'à l'extérieur une forte teinte de brun : cette teinte paraissait tenir son origine d'une matière brune et déliée qui remplissait encore la cavité des branchies. Papilles terminales larges et la plupart obtuses. Diaphragme fort étroit et laissant l'ouverture grande. Longueur totale : 13 à 14 pouces.

B. Corps bleuâtre ou un peu violet, parfaitement diaphane. Papilles assez étroites. Point de diaphragme annulaire à l'ouverture qui n'offrait que des individus très jeunes. Longueur totale : 6 pouces.

C. Corps bleuâtre parfaitement diaphane. Papilles plus longues et plus pointues que dans les variétés précédentes. Un diaphragme annulaire ne laissant qu'une entrée fort étroite à l'ouverture, qui était formée d'animaux presque tous adultes. Longueur totale : 3, 6, 7 pouces.

Habite la Méditerranée et l'Océan, sur les côtes de France. Très commun dans la mer de Nice, où il est redouté des pêcheurs dont il embarrasse souvent les filets. (Communiqué par M. Cuvier.)

Enveloppe un peu extensible, tenace, offrant généralement peu de vaisseaux, excepté sur le diaphragme de l'ouverture. Tunique délicate, transparente, pourvue au-dessous de l'abdomen de deux muscles transverses et marquée, en outre, de nervures musculaires croisées très fines et qu'une forte lentille rend à peine visibles. Orifice branchial garni à son entrée d'une membrane flottante festonnée qui serait exactement circulaire, si son bord postérieur et inférieur ne se prolongeait en pointe. Tubercule antérieur ou placé du côté du ganglion ovale opaque et jaunâtre. Branchies entièrement séparées par derrière, divisées par devant presque jusqu'à la base, arrondies ou taillées en pointe à leur sommet; vaisseaux transverses, dix-huit à vingt-cinq, croissant par degrés depuis le premier à compter du sommet jusqu'au cinquième ou même jusqu'au huitième ; vaisseaux longitudinaux, onze à dix-sept, l'intermédiaire parvenant seul au premier vaisseau transverse, le suivant des deux côtés aboutissant au second et ainsi de suite, les vaisseaux les plus extérieurs étant les plus courts de tous.

Pharynx situé à la base antérieure de la cavité des branchies. OEsophage conique d'un rouge vif. Estomac uni à l'extérieur et sans feuillets au dedans. Intestin court ponctué de rouge ; rectum appuyé sur la face inférieure et postérieure de l'estomac.

Foie blanchâtre et peu développé dans les jeunes individus. Ovaires entiers ou échancrés à leur extrémité, qui dépasse un peu le sommet des branchies.

3° *Pyrosoma atlanticum*. — Pyrosome atlantique. — *Pyrosoma atlanticum*, Péron et Lesueur, *Annales du Muséum*, t. IV, p. 440 ; *Voyage aux terres australes*, t. I, p. 488, pl. XXX, fig. 1.

Observé par MM. Péron et Lesueur. Corps conique, long de 6 à 7 pouces, à sommités extérieures terminées en pointes subulées.

Habite les mers équatoriales et vient flotter à leur surface par bandes composées d'une innombrable quantité d'individus.

On le distingue la nuit de très loin à la lumière qu'il répand. Il varie instantanément de couleur, et on le voit, dit-on, passer rapidement du rouge vif à l'aurore, à l'orangé, au verdâtre et, en s'éteignant, au bleu d'azur.

6. Bennet, *On Marine Noctiluce* (*Proceed. Zool. Soc.*, 25 juin 1833, p. 77).

M. F.-D. Bennet présente plusieurs échantillons d'une espèce de Pyrosome pris par lui le 6 septembre 1832, par 1° 4' latitude N. et 11° 56' longitude O. Entre-deux et quatre heures du matin, la mer se montra lumineuse sur une grande étendue autour du vaisseau ; la lumière était si vive que près des fenêtres des cabines on pouvait lire un livre imprimé en caractères fins. — 4 pouces de longueur, un demi-pouce de circonférence.

7. Milne Edwards, *Circulation du sang chez les Pyrosomes (Comptes rendus de l'Académie des sciences*, 1848, t. X, p. 285).

Correspondance. — M. Audoin communique un passage extrait d'une lettre de M. Milne Edwards :

« Il a recueilli un petit échantillon de Pyrosome dans la baie de Villefranche et l'a examiné à l'état vivant. Il a reconnu la position du cœur et constaté la réversion des mouvements. »

13. Panceri, *Gli organi luminosi dei Pirosoma e delle Foladi (Società Reale di Napoli, Atti dell' Accademia delle sc. Fisiche e Matematiche*, V, 1873).

La substance hyaline de la colonie est une sorte de gélatine de Wharton, dans laquelle sont disséminées des cellules étoilées brillantes. Dans l'œuf, ce tissu se développe en dehors du feuillet externe ou ectoderme du cyathozoïde et des embryons. De lui dépend encore un épithélium pavimenteux qui recouvre la surface extérieure et intérieure de l'ascidiarium.

Dans le diaphragme, on trouve des fibres musculaires disposées circulairement et disséminées irrégulièrement dans le tissu hyalin.

Description des cordons qui sont des tubes creux à paroi formée de fibres musculaires et doublée extérieurement par une gaine à noyaux.

Peut-être le sang circule-t-il dans ces cordons, qui sont des dilatateurs du diaphragme.

Panceri croit que tous les Ascidiozoïdes pourvus de cordons et qui occupent le premier centimètre à partir de l'orifice en ont deux, comme les Ascidiozoïdes primitifs.

Il ne connaît pas leurs rapports avec le système nerveux, pas plus que la division en deux branches des nerfs postérieurs.

Il a vu que les muscles longitudinaux coloniaux sont en rapport avec les constricteurs du cloaque de chaque individu, mais il n'explique pas du tout comment :

« Le mie osservazioni mi hanno condotto ad accettarmi che nel *Pyrosoma giganteum* in corrispondenza del musculo costrittore della cloaca vi hanno altri muscoli i quali, attacandosi alla tunica esterna del tegumento vanno in forma di nastro da un'ascidia all'altra.

« La coïncidenza di questi fasci col detto costrittore, il quale del resto appartiene alla tunica interna dell'animale ha impedito ad altri osservatori di tenerne esatto conto. »

Il ressort de là que Panceri n'a pas vu que ces deux sortes de muscles se tiennent, et ses figures représentent le constricteur du cloaque comme un sphincter.

Il ne connaît rien de l'innervation de ces muscles, non plus que de la manière dont ils se développent dans la substance hyaline.

Il décrit, en outre, des muscles semblables, mais annulaires, qui iraient du dos d'un Ascidiozoïde au ventre de celui qui se trouve à côté au même niveau, et ainsi de suite.

[L'analyse des travaux antérieurs n'est complète, comme on le voit, que pour les anciens auteurs. Quant aux auteurs récents, leurs opinions sont rappelées et discutées à chaque instant dans le corps du mémoire.]

INDEX BIBLIOGRAPHIQUE.

I.   1804. Péron, *Mémoire sur le nouveau genre Pyrosoma* (*Annales du Muséum*, 1804, t. IV).

II.   1813. Lesueur, *Mémoire sur quelques nouvelles espèces d'animaux, mollusques et radiaires* (Pyrosoma elegans), *recueillis dans la Méditerranée, près de Nice*, par M. Lesueur (*Nouveau Bulletin des sciences, Société philomathique*, juin 1813, p. 283).

III.   1815. Lesueur, *Sur l'organisation des Pyrosomes et la place qu'ils doivent occuper dans une classification naturelle* (*Nouveau Bulletin des sciences, Société philomathique*, mai 1815).

IV.   1815. Lesueur, *Mémoire sur l'organisation des Pyrosomes* (*Journal de physique*, t. LXXX, 1815).

V.   1816. Savigny, *Mémoire sur les animaux sans vertèbres*, 2ᵉ partie, 1ᵉʳ fascicule, 1816. — *Système des Ascidies* : LES LUCIES SOCIALES, genre *Pyrosoma*, p. 205.

VI.   1833. Bennet, *On Marine Noctiluca* (*Proceed. Zool. Soc.*, 25 juin 1833, p. 77).

VII.   1840. Milne Edwards, *Circulation du sang chez les Pyrosomes* (*Comptes rendus de l'Académie des sciences*, 1840, t. X, p. 285).

VIII. 1848. C. Vogt, *Ocean und Mittelmeer*, Francfort, 1848, p. 61.

IX.   1851. Huxley, *Observations upon the Anat. and Physiol. of Salpa and Pyrosoma together with remarks upon Doliolum and Appendicularia* (*Philosophical Transactions*, part. II, for 1851).

X.   1854. C. Vogt, *Recherches sur les animaux inférieurs de la Méditerranée : Tuniciers nageants* (*Mémoires de l'Institut genevois*, t. II, Genève, 1854).

XI.   1859. Huxley, *On the Anatomy and development of Pyrosoma* (*Transact. Linnean Soc. of London*, XXIII, 1859).

XII.   1861. Keferstein u. Ehlers, *Bemerkungen über die Anatomie von Pyrosoma. Zoologische Beiträge*, 1861.

XIII. 1873. Panceri, *Gli organi luminosi dei Pirosomi e delle Foladi* (*Società Reale di Napoli, Atti dell' Accademia delle sc. Fisiche e Matematiche*, V, 1873).

XIV.   1875. Kowalewsky, *Ueber die Entwickelungsgeschichte der Pyrosoma* (*Arch. Mikr. Anat.*, XI, 1875, p. 597).

XV.   1881. L. Joliet, *Sur le bourgeonnement du Pyrosome* (*Comptes rendus de l'Académie des sciences*, 28 février 1881).

XVI.   1881. L. Joliet, *Remarques sur l'anatomie du Pyrosome* (*Comptes rendus de l'Académie des sciences*, 25 avril 1881).

XVII. 1882. L. Joliet, *Sur le développement du ganglion et du sac cilié dans le bourgeon du Pyrosome* (*Comptes rendus de l'Académie des sciences*, 3 avril 1882).

III

ORGANISATION GÉNÉRALE DU PYROSOME.

La colonie d'individus ascidiformes à laquelle on donne le nom de *Pyrosome* est un cylindre ou manchon fermé à une extrémité et ouvert à l'autre, une sorte de dé à coudre formé d'une substance transparente commune, au sein de laquelle sont enfouis les individus ascidiformes. Sa surface extérieure est hérissée de saillies également transparentes, soit obtuses, soit lancéolées, et qui donnent à la colonie l'aspect cristallin d'un bâton de sucre candi ou d'un verre taillé à facettes.

L'axe tout entier est occupé par une vaste cavité cylindrique ou cloaque commun, qui ne laisse guère à la paroi qu'une épaisseur de 3 à 5 millimètres. La surface de cette cavité intérieure est ordinairement à peu près lisse, mais elle est percée de nombreux orifices elliptiques et, sur certains échantillons, on la voit accidentée par de nombreuses bosses arrondies, qui renferment les embryons. A l'œil nu, elle paraît finement ponctuée de rouge grenat. Cette cavité centrale s'ouvre, à l'extrémité antérieure, par un orifice dont le diamètre peut changer, car il est garni d'un diaphragme membraneux capable de se dilater ou de se resserrer.

La taille de la colonie varie suivant son âge et le nombre des individus qui la composent. A l'origine, elle ne comprend que quatre Ascidiozoïdes et mesure seulement 2 millimètres ; mais, comme chacun de ces quatre individus en produit plusieurs par bourgeonnement, que ceux-ci à leur tour en fournissent de nouveaux et ainsi de suite, il en résulte que, tous ces individus issus du bourgeonnement restant liés les uns aux autres et empâtés dans la substance commune qui s'accroît au fur et à mesure des besoins, la

colonie elle-même s'accroît rapidement jusqu'à atteindre les
dimensions de 15, 20, 30 et même 38 centimètres de long
sur 6 de large, que mesurait un échantillon recueilli par
Lesueur et qu'on peut encore voir aujourd'hui dans les col-
lections du Muséum.

La couleur de la colonie varie du blanc bleuâtre et transparent au blanc sale et rougeâtre. La coloration est toujours
due aux Ascidiozoïdes et aux substances qu'ils ingèrent.

La substance transparente commune, analogue à celle qui
empâte les individus d'une colonie d'Ascidies composées et
à celle qui compose le test des Ascidies simples, est ici,
comme l'a observé Panceri, formée de cellules étoilées et brillantes, noyées au milieu d'une matière hyaline et amorphe.
Les auteurs ne s'entendent pas quant à l'origine de cette
substance commune ; les uns la regardent comme la production des cellules épidermiques des Ascidiozoïdes, les
autres comme une dérivation de cellules déjà spécialisées
dans l'embryon.

Outre qu'elle empâte tous les Ascidiozoïdes, la substance
commune est parcourue par des faisceaux de fibres musculaires disposés en divers sens et reliant entre eux les individus ; on y voit encore de longs tubes à parois minces qui,
partant de certains individus, cheminent près de la surface
interne et gagnent à peu près en droite ligne le bord antérieur de la colonie, où ils se terminent en massue dans la
membrane du diaphragme.

Nous avons dit que le Pyrosome était une colonie. Après
avoir décrit sa forme générale, nous devons apprendre à
connaître les individus qui la composent et la manière dont
ils sont disposés.

On pourrait déjà donner un aperçu très instructif de sa
structure, en disant de l'Ascidiozoïde Pyrosome qu'il n'est

pas sans ressemblance avec une jeune Molgule telle que l'a
décrite M. de Lacaze-Duthiers, à l'époque où elle présente
les deux orifices inspirateur et expirateur à l'opposé l'un de
l'autre, rare exemple, parmi les Ascidies, d'une disposition
qui est, au contraire, la règle dans le genre *Salpe* et surtout
dans le genre *Doliolum*.

C'est une sorte de tonnelet ou de petit baril déprimé sur
les côtés et dont les deux bases sont inégales, la base inférieure ou interne étant ordinairement notablement plus
large que la base externe.

Ces dénominations de base externe et interne nous obligent
à définir la position de l'individu dans la colonie. Nous avons
comparé la colonie à un dé à coudre ; supposons que chacun des trous, au lieu de s'arrêter à mi-chemin, perfore la
paroi, chacun d'eux correspondra exactement à un Ascidiozoïde. La base extérieure est en rapport direct avec l'eau
ambiante et porte l'orifice inspirateur ; la base interne est
en rapport avec le cloaque commun et n'est autre que l'orifice expirateur lui-même.

Si donc on considère comme axe du corps la ligne qui
joint dans un individu l'orifice inspirateur à l'orifice expirateur, cet axe longitudinal est normal à la surface du manchon
colonial.

Mais l'Ascidiozoïde, avons-nous dit, n'est pas un tonnelet
cylindrique, il est déprimé ; un seul axe ne suffit donc pas à
définir sa position.

Si nous supposons une section du corps perpendiculaire à
l'axe des orifices, nous obtiendrons à peu près une ellipse ;
le grand axe de cette ellipse coïncide avec la génératrice du
cylindre formé par la colonie. À ses deux extrémités, il rencontre, d'une part, le système nerveux, d'autre part, l'endostyle. L'extrémité neurale correspond toujours à l'orifice du

cloaque commun ; l'extrémité endostylique, au contraire, correspond au fond du cul-de-sac.

Le corps de l'Ascidiozoïde est limité extérieurement par un épiderme qui, chez l'adulte, perd toute structure cellulaire.

Vers l'entrée de l'orifice inspirateur, cet épiderme se continue avec l'ensemble des organes de la respiration et de la digestion, qui consistent :

1° En un vaste sac branchial, qui se trouve suspendu à l'intérieur du sac épidermique et occupe, à lui seul, presque toute la partie supérieure et environ la moitié du volume du corps ;

2° En un tube digestif appendu lui-même à l'un des angles du sac branchial, composé d'un œsophage, d'un estomac et d'un intestin, et occupant dans le corps une région assez restreinte et immédiatement sous-jacente au sac branchial.

Jusqu'ici l'Ascidiozoïde se présente à nous comme le composé de deux sacs emboîtés l'un dans l'autre : le sac épidermique et le sac branchio-intestinal.

Or, entre ces deux sacs, mais seulement sur les côtés et dans la région occupée au centre par le sac branchio-intestinal, sont intercalées deux vastes poches, ayant leur paroi propre, parfaitement distinctes entre elles et même séparées par toute l'épaisseur du sac branchio-intestinal, là où existe cet organe, mais qui deviennent confluentes au-dessous de l'intestin, grâce à la résorption ou plutôt au retrait de leurs parois centrales et, réduites à leur paroi extérieure, forment une large chambre, le cloaque de l'Ascidiozoïde, séparé seulement par l'orifice expirateur du cloaque commun de la colonie. On le voit, l'espace libre existant entre le sac épidermique et le sac branchio-intestinal est complètement rempli sur les flancs par les deux poches que nous venons de décrire.

Si nous parcourions d'une extrémité à l'autre le petit axe de la section transversale elliptique, dont nous parlions en cherchant à poser l'Ascidiozoïde, nous rencontrerions successivement l'épiderme, la paroi externe de la poche droite, la paroi interne de la même poche, la paroi du sac branchial, puis les mêmes membranes en ordre inverse.

Au contraire, aux deux extrémités du plus grand axe de la même section, nous rencontrons deux espaces libres, de forme allongée, qui règnent de part et d'autre de la branchie : les deux grands sinus médians.

L'un renferme, vers son sommet, le ganglion nerveux et, vers sa région moyenne, deux amas de corpuscules graisseux.

L'autre, sous-jacent à l'endostyle, renferme, dans sa région inférieure, les organes génitaux, testicule et ovaire.

Tous deux sont occupés par un tissu interstitiel fort lâche, entre les mailles duquel circule le sang vers la région inférieure du sinus endostylique ; ce tissu interstitiel se convertit en véritables lames membraneuses et musculaires, qui constituent le péricarde et le cœur.

Les deux sinus que nous venons de décrire et qui sont les deux grandes voies circulatoires communiquent entre eux par le sinus péri-intestinal et par diverses voies pratiquées dans la branchie ou, au-dessus de cet organe, dans le voisinage des amas graisseux photogènes que nous décrirons plus loin.

Après avoir indiqué la position des organes, examinons de plus près chacun d'eux.

Nous avons peu de chose à ajouter sur l'épiderme, qui possède, dans le jeune âge du bourgeon, la structure d'un épithélium pavimenteux, mais qui la perd de bonne heure et finit par constituer une membrane mince transparente et, en apparence, anhiste.

Quant à la forme du corps, qui est limitée par cet épiderme, elle présente, suivant l'âge et la position du sujet, quelques variations qu'il est utile de noter. La forme que nous avons décrite sommairement, celle d'un tonnelet déprimé sur les côtés et à bases rétrécies et inégales, est la plus commune chez les individus adultes.

Le bourgeon passe, comme nous le verrons plus tard, par différentes formes. D'abord triangulaire, il devient 'arrondi et ne s'étire, pour prendre sa forme définitive, que vers l'époque où se développent, pour le mettre en rapport avec le monde extérieur, l'atrium et le cloaque.

Au contraire, dans les colonies d'un certain âge, on trouve des individus dont l'atrium est extrêmement allongé en forme de goulot de bouteille, ce qui finit par donner à l'individu lui-même une forme qui n'est pas sans rappeler les fiaschettes italiennes.

L'orifice inspirateur de tout Ascidiozoïde occupe toujours la base et la face postérieure d'un de ces mamelons ou d'une de ces pointes transparentes qui hérissent la surface de la colonie. Quand il s'agit seulement d'un mamelon obtus et peu saillant, la surface de l'orifice inspirateur reste à peu près parallèle à la surface de la colonie ; mais, si ce mamelon s'allonge en une de ces saillies qui atteignent jusqu'à plusieurs millimètres de long, l'orifice se renverse et regarde en arrière ; en même temps, l'atrium est obligé de suivre le mouvement d'élongation et de se transformer en un de ces cols qui caractérisent beaucoup d'individus de colonies d'une certaine taille.

C'est la forme tout opposée à celle qu'on remarque chez les individus appartenant à de très jeunes colonies et surtout aux individus composant l'embryon tétrazoïque au sortir de l'œuf. Chez ces derniers, l'axe des orifices est réduit au minimum et la forme est dans ce sens aussi déprimée que possible.

En règle générale, on peut dire que plus un individu est âgé et plus il appartient à une colonie âgée, plus augmente l'axe des orifices.

Plusieurs accidents viennent encore modifier la forme de l'individu. La maturation des produits sexuels détermine, dans la région des organes génitaux, une bosse ou proéminence, qui devient extrêmement volumineuse et refoule le sinus commun.

La formation des bourgeons détermine un peu au-dessus de la région génitale, au niveau de l'endostyle, une saillie, qui grandit peu à peu, s'étrangle à plusieurs reprises et fournit jusqu'à quatre embryons successifs et longtemps reliés au parent.

Enfin, chez beaucoup d'individus, à l'opposé de la région prolifère, au niveau et en arrière de l'œsophage, on voit la paroi épidermique fournir un diverticulum étroit, qui, suivant le cas, ou avorte ou devient très long et forme un de ces tubes qui se prolongent jusqu'au bord du diaphragme annulaire qui garnit l'orifice du cloaque commun.

Tels sont les principaux accidents qui peuvent modifier la surface extérieure de l'Ascidiozoïde Pyrosome.

L'épiderme non seulement se prolonge sur la surface extérieure de l'orifice inspirateur, mais il se réfléchit en dedans pour former la couronne de courtes dentelures qui se remarque, quand on examine de face cet orifice.

Parmi ces dentelures, il en est une qui diffère de toutes les autres par sa taille, par sa structure et par les mouvements dont elle est capable. C'est une languette impaire qui, placée sur le bord de la couronne du côté de l'endostyle, atteint presque, en longueur, le diamètre de l'orifice inspirateur. Cette languette est un tube creux digitiforme et qui, suivant la quantité de sang qui afflue dans sa cavité, peut alternativement se coucher en travers de l'orifice ou se redresser en dedans. Elle paraît, à elle seule, représenter le cercle de tentacules érectiles qui garnit l'orifice inspirateur des Ascidies.

D'ailleurs elle ne dépend en aucune façon de l'épiderme, mais se forme, comme nous le verrons au chapitre du bourgeonnement, entièrement aux dépens du sac endodermique ou branchio-intestinal.

La couronne de dentelures *ordinairement* au nombre de huit, que nous venons de décrire, représente le point d'union de l'exoderme avec l'endoderme. C'est à cet anneau oral que se trouve suspendu le sac interne ou branchial.

Sac branchial. — C'est une vaste poche, dont nous avons décrit la forme générale et dans laquelle on remarque deux régions bien distinctes : la région supérieure, qui ne présente que peu d'accidents et forme l'atrium ; la région inférieure, qui constitue la branchie, comprenant l'endostyle, la région des languettes et les deux treillis branchiaux.

La région supérieure est un goulot de bouteille plus ou moins allongé, suivant les individus, et formé d'une simple membrane *cellulaire* et unie dans presque toute son étendue. Vers le bas, elle est entourée par un cordon annulaire cilié qui part de l'extrémité de l'endostyle et aboutit à la lèvre inférieure du pavillon vibratile. Ce mince cordon annulaire, garni de cellules vibratiles, représente le bourrelet péricoronal et la gouttière péricoronale des Ascidies.

Du côté dorsal, on peut dire que le goulot ou atrium se termine au pavillon vibratile ; du côté ventral, il aboutit à l'extrémité de l'endostyle. Sur les côtés, il est limité natu-

turellement par la ligne arquée qui marque le contact de la
paroi branchiale avec la paroi des sacs latéraux et qui cir-
conscrit, en même temps, l'aire occupée par le treillis branchial.

L'endostyle, chez le Pyrosome, règne depuis l'anneau péripharyngien, c'est-à-dire depuis le niveau du ganglion jusqu'à
celui de l'anse intestinale au voisinage des organes génitaux.
C'est une gouttière profonde, à parois épaisses, qui se termine en cul-de-sac à sa partie supérieure, les deux moitiés
venant à se joindre pour former une sorte de capuchon. C'est
au-dessous de ce capuchon que prennent naissance les cordons formant l'anneau péripharyngien et qui ne sont eux-
mêmes que les prolongements des *lames externes*.

Chaque moitié de la gouttière est bien distincte de celle
qui lui fait face et ne lui est unie, au fond, que par une très
étroite et très mince membrane.

De plus, chaque moitié est composée de deux lames juxtaposées par leurs bords. Sur la vue de face, la ligne de démarcation entre la lame externe et la lame interne est indiquée
par un trait noir représentant un sillon bien reconnaissable
sur les sections transversales.

Les lames internes forment, par leur juxtaposition, la
partie creuse de la gouttière ; les lames externes sont dirigées
plus en dehors et vont, en s'atténuant sur les bords, se continuer avec la *région membraneuse*, qui, de chaque côté,
relie à l'aire branchiale chaque bord de l'endostyle.

En outre, ces lames externes sont moins longues que les
internes, elles montent moins haut et descendent moins bas.
Seules, les lames internes se prolongent au-dessous de la
branchie pour former le cône germinatif, l'endostyle cône
de Huxley.

Ce cône résulte de la juxtaposition des deux lames internes réunies entre elles, sur les deux faces, par un prolongement de la membrane branchiale.

Nous reviendrons sur cette disposition au chapitre du bourgeonnement.

Quant à la structure histologique, les lames internes et externes *m'ont paru se ressembler*.

Toutes deux sont formées par un épithélium columnaire composé de cellules très hautes et en forme de coin. Je n'ai jamais observé de cellules vibratiles ni au fond ni sur les bords de la gouttière.

Région des languettes. — Cette région correspond au raphé postérieur de M. de Lacaze-Duthiers.

Cette introduction anatomique est malheureusement incomplète.

IV

BLASTOGENÈSE CHEZ LES PYROSOMES.

Les belles recherches de Huxley, dont on ne saurait assez faire l'éloge, en même temps qu'elles ont fait connaître les principaux traits du développement blastogénétique du Pyrosome, ont mis en pleine lumière un fait curieux, la coexistence distincte dans le bourgeon de plusieurs des parties du parent servant chacune pour leur compte à former les mêmes parties chez le jeune. L'épiderme, le tube branchio-intestinal et le tissu sexuel du jeune Pyrosome ne sont en quelque sorte que des prolongements de l'épiderme, du tube branchio-intestinal et du tissu sexuel du parent.

Le travail plus récent de Kowalewsky a confirmé ces données en même temps que complété et précisé certains détails relatifs surtout au développement du ganglion.

Malgré tout, plusieurs problèmes resteront encore sans

solution. Quelle est l'origine de ces sacs latéraux qui jouent un rôle si important dans la constitution du Tunicier et que Huxley désigne sous le nom de *Lateral Atria*, Kowalewsky sous celui de *Perithoracalrohren?*

Quelle est l'origine de ce tube découvert par le savant russe et aux dépens duquel se constitue le ganglion nerveux?

Telles sont les deux questions principales qu'il s'agira pour nous de résoudre, car elles sont en quelque sorte le pivot de l'histoire morphologique des Thalides. Autour d'elles se groupent une foule de questions secondaires relatives au canal signalé par Huxley sous le nom de *ruban diapharyn-gien;* au mode de formation de l'endostyle, du ganglion, des nerfs et des muscles, du sac cilié et à ses rapports avec le même organe chez les Ascidies.

L'histoire blastogénétique des Salpes, malgré de nombreux et d'excellents travaux, est encore plus obscure. Là, on peut le dire, tout est en discussion, non seulement le mode d'origine des parties constitutives du stolon, mais leur destination et leur rôle.

L'existence de ces lacunes et de ces obscurités dans l'histoire du développement d'une classe si intéressante d'animaux m'a décidé à entreprendre ces recherches et suffirait, je pense, à les justifier.

Un autre motif encore cependant m'a guidé et m'a décidé surtout à présenter les résultats obtenus sous la forme d'un parallèle.

La figure 1, pl. I, représente la section transversale d'un stolon de Pyrosome, la figure 1, pl. II, la section transversale d'un stolon de Salpe. Si l'on compare ces deux figures, on sera frappé de leur ressemblance, je dirai presque de leur identité, tant les parties se correspondent.

Extérieurement un anneau représentant la section de l'épiderme, intérieurement un second anneau déformé et irrégulièrement quadrilatère, section du tube endodermique, sur les côtés deux paquets de cellules avec une lumière au centre, en bas dans la figure 1, pl. I, un œuf volumineux, dans la figure 1, pl. II, plusieurs œufs entourés d'un demi-cercle de cellules, en haut enfin dans la première figure, un tout petit anneau percé d'une très petite lumière ; dans la deuxième figure, un anneau plus volumineux, composé d'un certain nombre de cellules laissant un vide au milieu d'elles.

Dans la figure de la planche II, sur les côtés des paquets latéraux, se voient en dehors deux groupes de cellules qui n'ont pas leurs correspondantes dans la figure de la planche I. Telle est la seule différence réelle que les deux figures présentent entre elles, car toutes les autres ne sont que des différences de forme ou de taille ou de quantité dans les éléments.

Sur les deux figures on reconnaît un anneau extérieur ectodermique, un anneau intérieur endodermique et, entre les deux, la section de quatre cordons, deux latéraux pairs et creux, les canaux latéraux ou *perithoracalrohren* de Kowalewsky, deux impairs et médians, l'un supérieur creux, le canal neural ou *nervenrohr* du même auteur, l'autre inférieur plein, formé principalement de tissu sexuel déjà reconnaissable, le cordon génital.

Comparons maintenant les coupes optiques longitudinales représentées par les figures 2 des planches I et II, nous retrouverons, avec une forme extérieure semblable exactement les mêmes parties : en *ec* se voit l'ectoderme, en *en* l'endoderme, en *n* le canal neural, en *g* le tissu sexuel ; les canaux latéraux seuls ne sont pas visibles, parce qu'ils ne sont pas dans le plan de la figure et qu'ils se détachent mal sur le fond de même teinte et de contour semblable du tube endodermique.

Il y a donc, on le voit, entre le point germinatif d'un Pyrosome et celui d'un Salpe ressemblance absolue, identité complète.

De ce point de départ commun se développent des animaux qui sont bien, il est vrai, construits sur le même type, mais qui cependant diffèrent entre eux notablement. Fait encore plus remarquable et sur lequel j'insisterai, bien qu'il ne soit pas nouveau : partant de ce point de départ commun pour arriver à deux buts qui se ressemblent, les bourgeons suivent deux voies bien différentes en se développant suivant des axes opposés. On est vraiment surpris du mécanisme curieux à l'aide duquel le bourgeon de Salpe, après s'être écarté brusquement de la route directe suivie par le Pyrosome, arrive en quelque sorte à retrouver son chemin.

On verra comment, malgré ces divergences dans les méthodes employées, ces deux bourgeons arrivent à constituer les mêmes organes à l'aide des mêmes tissus, c'est-à-dire à l'aide des parties du stolon qui se correspondent.

On verra jusqu'à quel point était vraie l'observation de Huxley, car non seulement la peau, le sac branchial, le tissu sexuel des jeunes dérivent des mêmes parties du parent, mais bien aussi le système nerveux, les canaux latéraux, les muscles et les vaisseaux, chacun pour son compte.

On verra qu'il y a là quelque chose de particulier, de plus complexe que ce que présente la blastogenèse chez beaucoup d'animaux et que l'ensemble des blastozoïtes, dans le Pyrosome, comme dans le Salpe, ne sont en quelque sorte qu'un prolongement de l'oozoïte.

On a déjà plus d'une fois comparé le bourgeonnement des Salpes et des Pyrosomes, mais en en faisant aujourd'hui une étude spéciale et un parallèle complet, j'espère mettre en plus grande lumière la richesse, la variété et l'imprévu des procédés de la blastogenèse, ainsi que leur importance et leur aptitude à créer brusquement des types nouveaux.

Chez les Salpes, l'individu solitaire ou agame, celui qui résulte du développement de l'œuf fécondé, l'oozoïte, en un mot, est seul doué de la propriété blastogénétique.

Les individus qu'il produit par bourgeonnement ou blastozoïtes, ceux qu'on désigne sous les noms de forme ou génération sexuée ou bien de Salpes en chaînes, Salpes agrégés, sont, au contraire, incapables de fournir aucun bourgeon.

Chez les Pyrosomes, il en est différemment, non seulement le cyathozoïde ou oozoïte stérile bourgeonne, mais les blastozoïtes ou ascidiozoïdes qui en dérivent possèdent concurremment la faculté de se reproduire par voie sexuée et par blastogenèse.

[L'auteur avait, comme on le voit, l'intention de présenter parallèlement l'histoire du bourgeonnement chez les Pyrosomes et chez les Salpes. Malheureusement, cette seconde partie du travail est trop peu avancée pour pouvoir être publiée. Aussi avons-nous cru devoir modifier le titre qu'avait donné l'auteur à son mémoire pour éviter une déception au lecteur désireux de trouver des renseignements sur les Salpes.]

Deux parties composent ce travail, ce sont l'étude du point germinatif des Salpes et des Pyrosomes, puis l'étude du développement que subissent ces éléments pour réaliser soit le Salpe, soit le Pyrosome adulte.

A. POINT GERMINATIF.

Nous savons, depuis les recherches de Huxley, que dans le jeune individu de Pyrosome, avant même que l'éléoblaste soit complètement disparu, tout est prêt pour le bourgeonnement.

Dans l'espace libre situé au centre de cet organe annulaire,
l'endostyle pénètre et son extrémité prolongée en une sorte
de tube (endostylic cône) vient butter contre la face interne
de l'épiderme, qu'elle repousse un peu plus tard en détermi-
nant une saillie extérieure. Très près du point où se produira
cette saillie et un peu au-dessous se trouve à ce moment un
amas de petites cellules qui ne sont autre chose que de
jeunes œufs empâtés dans une masse granuleuse, le tout
formant une sorte de cordon ou de boudin appliqué sur la
face interne de l'épiderme ; à mesure que s'accentue la saillie
extérieure déterminée par la poussée du bourgeon endostylique, l'extrémité supérieure du boudin dont nous venons de
parler s'engage dans sa cavité, s'y place sur la ligne médiane inférieure et se prolonge en avant jusqu'à l'extrémité
du bourgeon endostylique et même un peu au delà, si on s'en
rapporte aux figures, qui d'ailleurs sont très vagues sur ce
point.

Pour Huxley, le très jeune bourgeon encore à l'état de
simple saillie se compose donc de trois parties essentielles
toutes trois empruntées au parent, savoir : extérieurement
l'épiderme, intérieurement le bourgeon endostylique, enfin
entre les deux une masse de tissu sexuel (endostylic cône)
dans lequel sont visibles des œufs.

Kowalewsky a vu et figuré les mêmes choses, mais avec
plus de précision ; il a de plus distingué sur la ligne médiane
supérieure du stolon rudimentaire, juste à l'opposé par
conséquent du tissu ovigère, un amas allongé de cellules
qu'il regarde comme le rudiment du sytème nerveux, et sur
les côtés deux cordons creux dont Huxley n'avait vu que la
coupe.

Telle est, suivant les deux auteurs qui se sont occupés du
bourgeonnement dans le Pyrosome, l'apparence que pré-

sente un très jeune bourgeon lorsqu'on le regarde de profil et par transparence.

Si maintenant nous comparons les coupes transversales qu'ils donnent d'un bourgeon de cet âge (fig. 26 de Huxley et fig. 6 de Kowalewsky), nous verrons qu'elles sont concordantes dans leur ensemble.

Toutes deux représentent deux anneaux concentriques : l'un externe, qui résulte de la section de l'épiderme, l'autre central et de forme plus ou moins quadrilatère, qui correspond à la paroi du bourgeon endostylique.

Dans l'espace compris entre ces deux anneaux on voit : en dessous un œuf déjà volumineux et entouré de quelques cellules, et en dessus un petit disque percé en son centre et tout à fait indépendant de la paroi endostylique dans la figure de Kowalewsky, tandis que celle de Huxley le représente comme un diverticulum de cette paroi.

On reconnaîtra dans l'œuf entouré de cellules la section du boudin de tissu ovigère et dans le petit anneau de cellules supérieur celle de la traînée de cellules décrites par Kowalewsky sur le bourgeon vu de profil sous le nom d'*ébauche du système nerveux*.

En dehors de cela, on voit encore sur les deux figures que nous décrivons, de chaque côté de la section du bourgeon endostylique et toujours dans l'espace compris entre sa paroi et l'épiderme, deux petits amas ovales de cellules qui se groupent autour d'une lumière centrale et forment bientôt deux anneaux.

Donnons maintenant à toutes ces parties les noms que leur destination leur a fait attribuer.

L'anneau extérieur *ec* formé par l'épiderme du parent produit l'épiderme ou ectoderme du bourgeon.

Le bourgeon endostylique, dont la section est figurée par l'anneau intérieur. produira la cavité dermique ou branchio-intestinale primitive.

L'amas inférieur *g* de cellules et d'œufs servira à former les organes de la génération, et, dès maintenant, nous pouvons le qualifier de *tissu sexuel*.

L'amas supérieur *n* percé au centre est l'ébauche du système nerveux.

Enfin les deux anneaux latéraux *cl* sont les rudiments des espaces péribranchiaux (*lateral atria* de Huxley, *perithoracal-rohren* de Kowalewsky).

Sur la position de ces différentes parties, il n'y a pas de doute, l'accord est absolu entre les deux auteurs et les figures sont démonstratives.

De même, l'origine des trois premières ne peut donner lieu à aucune contestation et ce n'est pas le moindre mérite du mémoire de Huxley d'avoir mis en lumière ce fait si remarquable, que les trois parties essentielles du bourgeon, celles qui sont destinées à former l'épiderme, le tube branchio-intestinal et les organes génitaux du jeune individu, dérivent respectivement de l'épiderme, du tube branchio-intestinal et des organes génitaux du parent.

Restent les rudiments du système nerveux et des espaces péribranchiaux dont l'origine demeure inconnue, car on n'a rien vu jusqu'ici au point germinatif, dans l'adulte, qui pût expliquer leur présence sur la section.

Pour le rudiment du système nerveux que Huxley n'a pas connu tel, Kowalewsky dit (p. 601) qu'il paraît être formé de cellules appartenant au feuillet moyen, mais ce n'est de sa part qu'une supposition, et ce feuillet moyen n'est pas décrit dans son texte; il n'est pas non plus figuré sur ses planches.

En ce qui concerne les espaces péribranchiaux, le même auteur est encore moins concluant.

Il s'exprime à ce sujet (p. 601 de son mémoire) de la manière suivante : « De quelle couche ou feuillet dérivent ces amas de cellules, je ne puis le dire d'une manière positive, mais ils me paraissent se former aux dépens du feuillet moyen »; et un peu plus loin : « Chez toutes les Ascidies dont j'ai étudié le bourgeonnement, les vésicules péribranchiales sont produites par une évagination du sac branchial primitif, tandis que dans le Pyrosome ces mêmes vésicules apparaissent comme des amas solides.

« Bien longtemps, je n'ai pu comprendre cette différence, espérant toujours voir dans le Pyrosome les rudiments des espaces péribranchiaux se présenter, comme dans les Ascidies, mais malgré la grande attention que j'ai prêtée à cet objet, je n'ai pu rien voir de semblable. Cependant la chose me paraît toujours possible, malgré la netteté de mes préparations. Il pourrait arriver que le premier rudiment de l'espace péribranchial soit une petite excroissance du tube branchio-intestinal s'en séparant de très bonne heure pour constituer un petit amas de cellules et plus tard un canal. C'est ce que montreront des observations ultérieures. »

Les recherches dont j'expose ici les résultats étaient, on le voit, indiquées par Kowalewsky lui-même et on ne peut nier que la question présente un intérêt morphologique réel. En effet, ces canaux latéraux sont destinés à former ces espaces péribranchiaux, qui ont une si grande importance dans l'économie de l'adulte, et sur la nature desquels on s'entend si peu.

Kowalewsky et Kupfer les ont vus dans les embryons des Ascidies résulter de deux invaginations de l'ectoderme, et Balfour, qui voit dans ce fait une application de sa théorie du proctodœum, veut absolument qu'il soit général.

Au contraire, tous ceux qui se sont occupés des Ascidies composées, et Kowalewsky le premier, comme on a pu le voir par la citation ci-dessus, ont constaté que les espaces péribranchiaux dans les bourgeons se forment au contraire par une évagination du feuillet interne. Della Valle, qui a observé les mêmes faits dans les Ascidies composées, conclut à l'entérocœle et ne veut pas admettre la formation ecto-dermique même dans les embryons ovariens d'Ascidies sim-ples. La question est donc en litige et mérite d'être examinée partout où elle se pose.

Je puis dire qu'en raison de l'intérêt morphologique qui s'y attache et des doutes de Kowalewsky, j'ai apporté à sa solution une attention toute spéciale. Déjà, l'an dernier, après un examen attentif, j'avais annoncé dans une note pu-bliée aux Comptes Rendus que les canaux péribranchiaux étaient d'origine mésodermique; j'ai encore, cette année, passé beaucoup de temps à répéter et à multiplier mes coupes et ne suis arrivé qu'à augmenter l'évidence des faits avancés l'hiver précédent.

Le mode d'origine des canaux péribranchiaux pouvait donner lieu à trois suppositions différentes. On pouvait, en effet, penser qu'ils dérivaient ou de l'ectoderme, comme dans les larves d'Ascidies simples, ou de l'endoderme, comme dans les bourgeons d'Ascidies composées, ou enfin du péri-carde, comme cela a lieu chez les Salpes, d'après Salensky.

Ecartons d'abord cette dernière hypothèse. La figure 5, pl. I, qui représente la section d'un bourgeon suivant sa longueur et par un plan parallèle au plan des deux canaux péribran-chiaux, montre clairement que si le péricarde se rapproche beaucoup de l'extrémité supérieure de ces organes, il n'y a entre eux aucune continuité, le péricarde n'émet aucun diverticulum et les canaux péribranchiaux se présentent à l'origine comme deux cordons pleins qui apparaissent brusquement et ne sont nullement en rapport avec le péricarde.

Je ne suis pas à même, en ce moment, de discuter l'opinion de Salensky relativement à l'origine des canaux péribranchiaux dans les Salpes, mais en ce qui concerne le Pyrosome l'indépendance de ces canaux et du péricarde est très manifeste.

Les mêmes figures qui nous ont permis de constater ce fait peuvent encore nous servir à reconnaître que si les canaux péribranchiaux dérivent de l'endoderme, ce n'est toujours pas à leur extrémité supérieure que la continuité a lieu. Ces deux cordons sont en ce point absolument indépendants du tube endodermique, ils s'en écartent même légèrement et il m'est arrivé de les en séparer. Il n'y a rien là « de cette petite excroissance du tube branchio-intestinal s'en séparant de très bonne heure pour constituer un petit amas de cellules et plus tard un canal », suivant la supposition de Kowalewsky. La séparation est toute faite et dès l'origine. Cependant, quelque invraisemblable que cela puisse être, le point de réunion pourrait peut-être se trouver sur le trajet du canal. J'ai fait, pour trouver ce point, un bien grand nombre de coupes transversales, et je n'ai pas été plus heureux que Kowalewsky; nulle part je n'ai pu trouver le moindre indice de continuité; partout la ligne de démarcation est bien tranchée entre les cellules du tube branchio-intestinal et celles des espaces péribranchiaux. Cette donnée est d'ailleurs pleinement confirmée par la figure 11, pl. I, qui montre le bourgeon de trois quarts.

Reste une dernière hypothèse; les deux canaux qui nous occupent naîtraient-ils, comme deux diverticulums, de l'extrémité du tube branchio-intestinal pour retourner ensuite vers la base du bourgeon en suivant une marche récurrente et faudrait-il chercher leur point d'origine au sommet même du bourgeon. L'observation nous montre que, à mesure qu'on s'approche de l'extrémité du bourgeon, les cordons péribranchiaux, toujours indépendants de l'endoderme, s'atténuent de plus en plus jusqu'à se réduire à une cellule qui se confond avec celles de la paroi.

Il est donc manifeste, nous pouvons le conclure sans crainte, que les canaux péribranchiaux, dans le Pyrosome, ne sont en aucun point de leur longueur en continuité de tissu avec l'endoderme, mais qu'ils en sont au contraire toujours et partout indépendants.

Ils ne naissent donc ni du péricarde ni de l'endoderme, ils ne naissent pas davantage de l'ectoderme, qui partout se montre comme une membrane continue et très distincte des parties sous-jacentes. Il n'y a d'ailleurs pas de discussion sur ce point.

Nous sommes, on le voit, arrivés à une conclusion toute négative ; les espaces péribranchiaux ne dérivent d'aucune des trois membranes qui les produisent dans les Ascidies et dans les Salpes ; en cela, d'ailleurs, nous sommes d'accord sinon avec les suppositions de Kowalewsky, du moins avec les faits qu'il a constatés et qui sont également négatifs.

La question demeure entière : Quelle est l'origine des espaces péribranchiaux ? Kowalewsky, nous l'avons vu, parle à plusieurs reprises de mésoderme, mais il serait difficile, d'après son texte comme d'après ses figures, de savoir à quelle partie des bourgeons de Pyrosome qu'il représente il applique ce mot. L'ovaire, le canal neural, les canaux péribranchiaux sont, en effet, sur ses planches, quatre parties parfaitement isolées dans l'espace situé entre l'endoderme et l'ectoderme, quelques cellules semblables à des globules sanguins libres disséminés dans cet espace représenteraient seules le mésoderme. C'est là, on le voit, un feuillet bien rudimentaire, et l'éminent auteur russe n'arrive à savoir ni si les canaux neural et péribranchiaux dérivent de ces cellules, ni comment elles en dérivent.

Cependant sa figure 6 est parfaitement exacte. Sur une coupe faite à ce niveau, il n'y a rien de plus à voir, et j'en possède moi-même de toutes semblables.

En revanche, sa figure 5 ne me paraît pas complète, et, sur les sections, faites comme celle-ci paraît l'avoir été, très près de la base du bourgeon, j'ai toujours vu quelque chose de plus que ce qu'elle indique.

En effet, au-dessous de la couche de cellules épidermiques, on voit une deuxième couche intérieure continue formée de cellules cubiques juxtaposées. Elle double exactement la couche épidermique et n'est composée que d'un seul rang de cellules, excepté sur la ligne médiane et sur les côtes où elle s'épaissit pour former les amas de cellules destinés à devenir les canaux neural et péribranchiaux. Notre figure 6, pl. I, montre avec la plus grande évidence la continuité qui existe entre cette couche intérieure de cellules et les rudiments des canaux péribranchiaux en particulier.

Pourquoi maintenant ceette couche de cellules n'a-t-elle pas été reconnue par Kowalewsky et pourquoi n'est-elle pas également visible en tous les points du bourgeon? Cela tient à ce que, à mesure qu'on s'éloigne de la base du bourgeon, les cellules qui la constituent, primitivement cubiques, s'aplatissent, deviennent fusiformes, n'arrivent plus à se toucher que par les extrémités, puis à ce que, s'écartant de plus en plus, elles arrivent à se réduire aux noyaux réunis seulement les uns aux autres par une mince membrane anhiste comme un vernis et qui est tout ce qui reste de la paroi des cellules.

Ce sont ces noyaux que Kowalewsky a figurés comme cellules libres, ils dépendent bien du mésoderme, mais il est très difficile en cet état de voir qu'ils appartiennent à une même couche de tissu. Il faut, comme nous venons de le faire, suivre les transformations.

Il demeure donc certain, qu'en une certaine zone, voisine de la base du bourgeon, il existe une couche continue de cellules, un véritable feuillet comparable aux feuillets interne et externe entre lesquels il est situé; que ce feuillet se confond sur la ligne médiane hémale avec l'amas de tissu sexuel, enfin que, sur la ligne médiane et sur les côtés, il s'épaissit pour former les rudiments des canaux neural et péribranchiaux.

Les données fournies par les sections transversales sont d'ailleurs confirmées et expliquées par les sections et les coupes optiques longitudinales.

Les deux figures de Kowalewsky, qui représentent deux coupes optiques longitudinales, ne sont pas, en effet, tout à fait exactes; l'amas de tissu qui constituera le rudiment du système nerveux au lieu de s'arrêter, comme on le croirait d'après ces figures, un peu au-dessous de l'extrémité du tube endodermique, se prolonge jusqu'à son sommet, le contourne et va rejoindre sur la face hémale l'amas de tissu sexuel. Ce fait, d'ailleurs déjà vaguement indiqué par Huxley, est surtout visible sur de très jeunes bourgeons tels que ceux représentés dans nos figures 2 et 17, pl. I.

On y voit que, entre l'ectoderme et le bouton endodermique, l'amas de tissu sexuel ou de *indifferent tissue*, comme l'appelle Huxley, et qui occupe surtout la face hémale du bourgeon se prolonge quelque peu sur la face neurale et forme une lame de tissu superposée. C'est cette lame de tissu qui se représente sur nos sections transversales comme doublant en dedans l'épiderme et que nous avons vue produire les canaux neural et péribranchiaux.

Par sa situation relativement aux autres feuillets, par sa continuité avec le tissu sexuel, on peut déjà reconnaître que cette lame de tissu joue relativement au bourgeon le rôle de feuillet moyen et la qualifier de *mésoderme*.

Toutefois nous devons rechercher quels sont les rapports de ce mésoderme du bourgeon avec les tissus et organes du parent. Si, partant du bourgeon, nous descendons vers l'origine du cordon de tissu sexuel, nous voyons qu'il est en continuité directe avec une membrane extrèmement mince et transparente qui enveloppe l'œuf et le testicule du parent et se trouve ainsi dans l'espace situé entre l'épiderme et les deux espaces péribranchiaux du parent; ce fait est mis en évidence par notre figure 1, pl. IV.

Si, au contraire, partant encore du bourgeon, nous remontons vers le sinus hémal situé entre l'épiderme et l'endostyle, nous voyons le feuillet mésodermique du bourgeon s'amincir rapidement au point d'être très difficile à suivre sur une coupe optique longitudinale; en revanche, une série de coupes transversales de ce sinus, faites à différents niveaux, montre qu'il n'est pas simplement formé, comme on l'a cru jusqu'ici, par un espace libre situé entre l'endostyle et l'épiderme, mais que, dans toute l'étendue de cet espace, il existe, indépendamment du péricarde localisé dans la région inférieure, un tissu irrégulier formé de membranes extrèmement minces et transparentes présentant seulement de temps en temps quelques noyaux semblables à ceux que nous avons rencontrés dans les bourgeons un peu âgés, et de brides tendues dans différents sens. Une membrane en particulier enveloppe làchement l'endostyle et elle est tellement mince que, dans les points où elle s'applique sur la paroi de l'épiderme, il est impossible de l'en distinguer, comme il arrive d'ailleurs également pour le péricarde.

Dans le sinus neural, il est également facile de voir, et nous décrirons plus tard, comme aussi dans la branchie, un tissu semblable. Nous nous croyons donc fondé à admettre que, dans les sinus sanguins qu'on croyait jusqu'ici complètement libres, il existe un tissu mésodermique, très peu abondant, il est vrai, mais qui représente à l'état rudimentaire ce tissu intersticiel qui est si abondant dans les Ascidies et relie si bien l'endostyle au manteau extérieur.

Il est facile, d'après ces faits, de se rendre compte du mécanisme de la formation du bourgeon. Entre l'extrémité de l'endostyle et l'épiderme se trouve une lame mésodermique, qui se continue au-dessous avec le tissu sexuel ; l'endostyle, en se prolongeant, vient appliquer contre l'épiderme cette lame, qui prend alors en ce point une activité cellulaire nouvelle et forme la couche continue de cellules que nous montrent les coupes.

Dans sa zone d'activité cette membrane produit des épaississements qui deviennent le canal neural et les canaux péribranchiaux ; mais, à mesure que le bourgeon grandit et qu'on s'éloigne de sa base, elle perd son épaisseur et sa structure cellulaire et reprend peu à peu la forme de membrane mince portant des noyaux épars qu'on lui voit presque partout dans l'adulte.

Les organes qu'elle a produits, glandes génitales, canaux neural et péribranchiaux, qui étaient au début empâtés dans sa substance, semblent alors isolés tant est délicate la membrane, d'ailleurs finalement en bien des points discontinue, qui persiste cependant autour d'eux.

Tel est l'état du bourgeon dont la section est représentée figure 8, pl. 1 et qui correspond à la figure 6 de Kowalewsky.

Nous y voyons représentés les rudiments des principaux organes.

Maintenant que nous connaissons le point germinatif et l'origine des parties constituantes du stolon, nous allons esquisser la marche générale de son développement; puis nous reprendrons séparément l'évolution de chaque appareil.

B. STOLON.

Examinons un stolon de Pyrosome, encore peu saillant à la surface de l'Ascidiozoïde qui le produit, tel que nous le voyons sur la figure 3, pl. II. Un tel stolon, vu à l'aide d'un plus fort grossissement, se montre constitué comme celui que représente la figure 2, pl. I.

On y reconnaît, comme nous l'avons déjà vu, un *épiderme ec* formé de cellules bien nettes, un *tube endodermique en* formé de cellules plus longues, un *tube neural n*, qui n'est pas encore fermé et consiste à ce moment en un épais ruban de petites cellules rondes, mal définies et dont les bords se recourbent l'un vers l'autre pour se rejoindre, et au-dessous un gros boudin de tissu dans lequel de jeunes œufs sont parfaitement reconnaissables et atteignent des dimensions relativement considérables ; ce boudin ou cordon génital se prolonge plus ou moins loin vers les organes génitaux du parent.

Enfin sur les côtés se trouvent les deux canaux latéraux peu visibles sur le stolon vu de profil, mais que nous avons reconnus sur les coupes transversales et que nous allons voir sur les figures 5 et 11, pl. 1, spécialement disposées pour cet objet. — La figure 11 représente un stolon un peu écrasé et vu de trois quarts par le haut ; dans ces conditions, le canal latéral de droite *cl.* au lieu de se projeter sur le fond de même teinte du tube endodermique, se projette en dehors en dessous, ce qui nous permet de le bien observer. On voit que c'est un amas court et un peu épais de petites cellules polyédriques et qu'il se termine brusquement en arrière.

La figure 5 représente une section longitudinale de stolon portant déjà plusieurs bourgeons. Cette section est parallèle au plan des deux canaux latéraux. On voit ces mêmes amas de cellules *cl*, dont l'un commence déjà à se creuser, se terminer brusquement en arrière.

Entre les tubes intérieurs et extérieurs se trouvent les cordons latéraux, génital et neural. L'espace libre laissé entre toutes ces parties semble occupé par un tissu lacunaire avec cellules disséminées dont on voit quelques vestiges en *ms* fig. 2 et 17, et qui est analogue au tissu conjonctif à lacunes qui remplit les sinus neural et hémal du parent et qu'on peut observer autour et au-dessous de l'endostyle dans la figure 3, pl. II. Ces espaces libres permettent au sang du parent de circuler dans le stolon et de le nourrir. Le bourgeon, en effet, n'est livré à ses propres forces qu'à l'époque tardive où il se détache, où le cœur commence à battre et où le canal diapharyngien disparaît.

Le stolon ainsi composé grandit encore, nous le retrouvons tel que le représente la figure 17, pl. I, avec un tube neural complètement fermé et dans un état qui correspond à peu près à la section transversale, figure 1 ; puis un sillon transversal apparaît près de la base, marqué sur la coupe optique par une légère échancrure et divisant le stolon en deux parties, l'une terminale qui est dès lors un bourgeon, l'autre basilaire qui reste le stolon proprement dit. La figure 4, pl. II, représente un stolon ainsi partagé, la figure 5, pl. II, un stolon de trois parties : deux bourgeons avancés et un stolon basilaire.

L'étranglement qui se marque sur l'épiderme, se produit aussi sur les diverses parties intérieures ; de bonne heure même les fragments des cordons génital, neural et latéraux se séparent complètement et s'éloignent les uns des autres pour occuper dans chaque bourgeon leurs places respectives. Les espaces sanguins, le tube endodermique sont après l'épiderme les parties qui restent le plus longtemps en continuité de tissu.

On ne trouve que rarement des stolons formés de plus de trois parties, on n'en trouve jamais qui en comptent plus de quatre, y compris la portion basilaire ; le bourgeon terminal arrivé à l'état adulte se détache en effet le plus souvent avant que la troisième partition se produise.

Prenons un segment de stolon au moment où une partition vient de l'individualiser en quelque sorte et d'en faire un bourgeon. — Ce bourgeon se compose de toutes les parties constituantes du stolon disposées de la même manière.

En jetant les yeux sur la figure 5, pl. II, on se convaincra d'un fait qui domine toute l'évolution du bourgeon, c'est que l'axe du bourgeon n'est pas celui du stolon, mais lui est perpendiculaire.

L'axe du stolon est déterminé par la direction du tube digestif et des quatre cordons longitudinaux, il correspond dans la figure 5 [1] à la ligne ponctuée *a. p.*

L'axe du bourgeon, au contraire, est déterminé par la position des deux orifices inspirateur et expirateur indiquée dans la même figure par la ligne *i. s.*, ce second axe est perpen-

---

[1] [Cette figure 5 qui, d'après le texte, représente avec tous les détails de structure un stolon à trois segments, n'a été retrouvée que sous la forme d'un simple croquis. Heureusement, ce croquis est très net et donne avec une grande précision le contour des organes. En outre, les descriptions du texte sont si claires que le lecteur pourra certainement les comprendre à l'aide de cette simple esquisse.]

diculaire au premier, et c'est suivant sa direction que l'élongation se produit tout d'abord, comme le montre le bourgeon intermédiaire dans la même figure.

Dans le stolon au-dessus de l'axe formé par le tube endodermique se trouvent la vésicule neurale et le sinus sanguin supérieur; au-dessous se voient le tissu génital et le tissu sanguin inférieur. Le stolon est donc divisé en deux faces : l'une supérieure ou neurale, l'autre inférieure ou génitale. Cet axe, qui domine encore la constitution du bourgeon au moment où celui-ci s'individualise, perd de plus en plus son importance à mesure qu'on se rapproche de l'état adulte et à mesure qu'on acquiert davantage l'axe définitif qui joint les deux orifices.

Or, ces orifices se forment en face l'un de l'autre, l'un sur la face neurale, l'autre sur la face génitale. La face neurale primitive se trouve ainsi divisée par l'orifice inspirateur en deux régions qui deviendront tout à fait opposées, la région de l'endostyle et la région du ganglion.

De même la face ventrale est décomposée en une région génitale et une région œsophagienne.

Comme le bourgeon subit une élongation rapide dans le sens de ce nouvel axe, les parties qui primitivement étaient sur la même face du stolon se trouvent de plus en plus dissociées, tandis que les parties qui appartenaient à deux faces distinctes du stolon se trouvent réunies deux à deux, la région ganglionnaire avec la région œsophagienne pour constituer la face neurale, la région de l'endostyle avec la région génitale pour constituer la face endostylique de l'adulte.

Dans le bourgeon moyen de la figure 5 commencent à se produire ces transformations, le tube endostylique envoie déjà en haut et en bas des poches opposées qui donneront naissance à la partie supérieure du sac branchial d'un côté et au tube digestif de l'autre. — Les changements ont été encore plus rapides pour les tubes latéraux qui se sont énormément développés et qui forment deux sacs disposés transversalement. Dans leur aire on aperçoit cinq replis ou bourrelets, premier indice des fentes branchiales (*br*); on voit cantonné près de l'extrémité à gauche en dessous un paquet de tissu sexuel (*g*), où un œuf est particulièrement volumineux, enfin dans l'angle opposé à droite se voit une grosse vésicule creuse qui est la vésicule neurale (*n*), elle aussi a cessé d'occuper toute l'étendue de la face supérieure du bourgeon pour se ramasser à la place qu'elle occupe.

Le bourgeon extrême nous montre les mêmes organes parvenus à un état beaucoup plus avancé, le tube digestif est presque achevé, les fentes branchiales dessinées, l'endostyle occupe sa position définitive, le ganglion et le pavillon vibratile, les espaces péribranchiaux, le cloaque sont constitués, les orifices indiqués et plusieurs nerfs déjà visibles. De ce stade à l'état adulte il ne se produit plus que des changements secondaires. — Reprenons donc notre bourgeon où nous l'avons laissé et commençons à étudier en détail les transformations du tube branchio-intestinal.

A ses dépens se forment trois appareils dont nous nous occuperons successivement, ce sont : le tube digestif, le sac branchial et l'orifice inspirateur. — Leur développement a d'ailleurs été décrit par Huxley et Kowalewsky d'une manière assez exacte pour que nous n'ayons que des détails à ajouter.

Nous avons vu que la section du tube branchio-intestinal est à peu près quadrilatère, mais si la section est faite comme celle représentée par la figure 7, pl. II, dans un bourgeon déjà un peu renflé, on remarque que l'angle inférieur droit se prolonge et se développe d'une façon toute particulière.

La coupe optique longitudinale d'un bourgeon à ce stade

montre que le profil du tube branchio-intestinal présente comme deux bosses, l'un en dessus, l'autre en dessous.

La bosse inférieure *in*, qui seule nous occupe en ce moment, résulte précisément de ce fait, qu'à cette époque déjà la gouttière inférieure droite du tube branchio-intestinal s'enfonce de manière à former un cul-de-sac à large ouverture et qui va s'approfondissant. Ce cul-de-sac, que représente parfaitement la figure 4 (*in*), pl. II, est le rudiment du tube digestif.

Il ne tarde pas à se prolonger en avant en se couchant sous le sac branchio-intestinal, comme le montre la figure 6, puis son extrémité antérieure, au lieu de rester dans le même plan que le reste de l'organe, se crochit à gauche, puis en arrière (fig. 8, *in*). Ainsi commence à se dessiner l'anse intestinale. A cette époque, le tube digestif tout entier est un simple diverticulum du sac branchio-intestinal présentant d'un bout à l'autre une cavité continue et qui va en se rétrécissant régulièrement. — C'est seulement assez tard, à une certaine distance de son origine, qu'il se renfle brusquement en une poche bien distincte qui deviendra l'estomac. L'entrée de l'œsophage conserve à peu près son calibre primitif ou du moins ne s'agrandit que lentement ; au contraire, les parties avoisinantes du sac branchial prenant un développement considérable, il en résulte que cet orifice en forme d'entonnoir, au lieu d'occuper comme primitivement presque toute l'étendue de la face inférieure du sac branchial, n'en occupe plus qu'une portion restreinte à l'angle inférieur et dorsal. Plus tard encore les parois de l'œsophage se plissent longitudinalement et se couvrent enfin de cils vibratiles fins et ras.

La poche stomacale, grandissant et se dilatant surtout vers le haut, se trouve de mieux en mieux séparée de l'intestin d'une part et de l'autre de l'œsophage dont l'orifice se trouve rejeté en dessous et fait saillie dans sa cavité.

Les parois de l'organe se montrent formées de longues cellules columnaires sur lesquelles je n'ai jamais pu soit à l'état vivant, soit à l'aide de coupes, découvrir de cils vibratiles.

L'intestin, dès le moment où il s'est crochi, a présenté deux branches, l'une directe qui prolonge l'estomac, l'autre récurrente dont l'extrémité recourbée revient chez l'adulte au niveau de la face supérieure de l'estomac. — Dans la branche directe on distingue deux parties séparées par un étranglement. l'une contiguë à l'estomac dans lequel elle est comme implantée et qui forme une sorte de duodenum, l'autre tout d'une venue avec la branche récurrente.

Il résulte de tout cela que le tube digestif tout entier est un diverticulum du sac branchial, la cavité de l'intestin n'est que la continuation de celle des portions antérieures et n'en est distincte à aucun moment. Nous verrons plus loin où et comment s'ouvre l'anus.

Reste pour le moment à parler d'un organe qui a été vu chez tous les Tuniciers, à l'exception des appendiculaires, je veux parler de l'*organe hyalin*.

Dans le Pyrosome adulte, l'organe hyalin est constitué par un ensemble de tubes transparents réfringents rameux et anastomosés, qui couvrent d'un réseau serré la branche récurrente de l'intestin, puis non loin de la courbure de cette branche se réunissent en un canal commun qui aboutit sur la face gauche de l'estomac très près de l'origine de l'intestin. — Le mode d'origine de cet organe a déjà été décrit en quelques lignes et d'une manière exacte, ses figures seules sont peu intelligibles.

A l'époque où l'estomac commence à peine à se renfler et où le tube digestif se coude pour former l'intestin, on voit sur la face gauche de l'estomac, au point où aboutira plus tard le canal de l'organe, un bourgeon vésiculeux qui bientôt, par suite de l'allongement progressif de la branche récurrente de l'intestin, se trouve intercalé entre cette branche récurrente et la surface de l'estomac. — En grossissant, il rencontre cette branche intestinale et se trouve obligé de se mouler sur elle. Il s'étale, en effet, tout autour et l'enveloppe comme la main envelopperait un cylindre pour s'en saisir, seulement cette main est creuse et communique toujours avec la portion basilaire de l'organe.

Supposons maintenant que la portion qui enveloppe l'intestin émette de tous côtés des diverticulums grêles et rameux, supposons que par suite de l'allongement de la branche intestinale directe la portion basilaire de la vésicule soit étirée en un canal long et grêle, nous aurons réalisé l'organe hyalin tel qu'on l'observe dans l'adulte (*hy*, fig. 3, pl. II). — Sa cavité communique avec celle de l'estomac, dans lequel il débouche au point que nous avons indiqué. Par son origine endodermique et par ses rapports il est difficile d'y voir autre chose qu'un organe de sécrétion, une glande annexe du tube digestif.

Sac branchial. — Si on examine la figure 4 (pl. II), on voit au-dessus du tube branchio-intestinal primitif et à l'opposé du tube digestif naissant (*in*), un sac ou diverticulum (*ds*) qui s'approche de l'épiderme. Ces mêmes parties se voient aussi dans la figure 8.

Des sections dirigées soit transversalement, soit longitudinalement montrent que ce diverticulum est double. En fait, les deux sillons supérieurs du tube branchio-intestinal s'approfondissent en deux poches qui laissent entre elles une gouttière profonde. Ces deux poches, après avoir marché parallèlement, se rejoignent bientôt par leurs faces internes et supérieures, se soudent et leurs parois se résorbant au point de contact, elles communiquent ainsi librement entre elles par le haut, de même qu'elles continuent à communiquer par le bas avec la cavité branchio-intestinale primitive.

Entre ces deux points leurs parois écartées laissent béant un espace qui a pour plancher la gouttière médiane et qui contient le sinus sanguin supérieur.

Telle est l'origine de l'organe appelé par Huxley *ruban diapharyngien* et que nous appellerons *canal diapharyngien* (fig. 8 et 9, pl. III, *cp*). — Le sac branchial, étant obligé pour communiquer avec l'extérieur de s'approcher de l'épiderme au point où sera l'orifice inspirateur, rencontre sur sa route le sinus sanguin supérieur ou neural; il ne peut l'interrompre, car les bourgeons plus avancés se trouveraient privés du bénéfice du courant sanguin maternel, il le contourne par le procédé indiqué, laissant au courant sanguin la voie libre qui lui est nécessaire. — Le rôle du canal diapharyngien est si bien ce que je viens d'indiquer, qu'il n'est pas rare sur les animaux conservés de voir dans sa cavité quelques globules sanguins.

Le canal diapharyngien divise le sac branchial en deux chambres, l'une supérieure, l'autre inférieure.

La chambre supérieure est d'abord très petite, comme on peut le voir en *s* sur la figure 9 (pl. II), pendant longtemps son développement est très lent et ne fait que suivre l'accroissement en largeur du bourgeon, c'est seulement à l'époque où le jeune individu se détache du stolon qu'elle se développe en longueur, formant une sorte de cône (fig. 3) qui deviendra l'atrium pendant qu'à l'opposé grandit la chambre cloacale.

Toutefois, bien avant que cet accroissement de taille se soit produit, les parties essentielles du futur atrium sont déjà dessinées. Sur les figures 9, pl. II, et 3, 4, pl. III (*i*), on voit s'ébaucher l'orifice inspirateur; l'épiderme d'une part, la paroi supé-

rieure de la chambre branchiale d'autre part forment deux
épaississements ou deux disques cellulaires placés vis-à-vis
l'un de l'autre. Bientôt sur le bord du disque endodermique
sur la ligne médiane, du côté de l'endostyle, se produit un
enfoncement. Ce cul-de-sac (*t*) faisant saillie dans la cavité
de l'atrium, n'est autre que le tentacule médian et impair
qui garnit l'orifice inspirateur de l'adulte et que nous retrouvons fig. 5, pl. III (*t*), avec sa forme définitive. — Ce tentacule
reste creux et sa cavité est en communication avec la cavité
générale de l'Ascidiozoïde ; le sang peut y pénétrer et c'est
sans doute grâce à l'afflux de ce liquide que l'organe ordinairement dirigé verticalement peut se placer en travers de
l'orifice inspirateur dans une position plus ou moins horizon-
tale, ainsi qu'on le voit dans certains cas.

A l'époque où se sont déjà formées les poches supérieures
qui embrassent le canal diapharyngien, on voit, en exa-
minant le bourgeon moyen de la figure 5, pl. II, qu'un bourrelet endodermique s'étend encore directement d'un bourgeon à l'autre ; il est même assez épais vers la gauche, tandis qu'il s'atténue vers la droite. C'est à ses dépens que se
constitue l'endostyle par un simple plissement dont rend
compte la figure 7, pl. III. Si on compare cette figure 7 avec la
figure 8, représentant la section de l'endostyle chez l'adulte,
on ne reconnaîtra pas tout de suite les parties homologues,
parce qu'elles n'ont pas la même direction, le pli médian
étant concave au lieu d'être convexe. Toutefois, la figure 9
peut servir d'intermédiaire ; on voit alors que, dans ces trois
figures, les parties désignées par les lettres *l. m.* (lames
médianes) ; *l. l.* (lames latérales) ; *m. u.* (membranes unissantes), se correspondent. Seulement les lames médianes
(*l. m.*) sont rentrantes dans la première figure, saillantes
dans la dernière et occupent dans la seconde une position

moyenne. On peut voir, sur cette série de figures, que tout d'abord les replis qui vont devenir l'endostyle n'ont pas plus d'épaisseur que le reste des parois branchiales (fig. 7), ce n'est que peu à peu que l'épaississement se produit. La figure 12, pl. II, représente l'extrémité supérieure de l'endostyle vue de profil chez l'adulte. On y voit que le cul-de-sac terminal est formé exclusivement par les lames médianes, les lames latérales s'arrêtent nettement au-dessous.

Comme celui des Salpes, l'endostyle du Pyrosome se constitue donc de deux moitiés symétriques, le nombre des lames longitudinales qui le forment est seulement réduit à deux. Comme chez les Salpes également, les lames latérales et médianes formant la gouttière ne portent pas de cils vibratiles; ceux-ci se voient seulement à l'origine de la membrane unissante dans la portion qui reste cellulaire. Cette bande ciliée longe les bords de l'endostyle, puis s'en détache en haut pour former les bandes péripharyngiennes; en bas, au contraire, elles se réunissent immédiatement au-dessous du cul-de-sac germinatif en une bande unique qui va rejoindre l'œsophage (Huxley).

L'endostyle, d'abord couché suivant l'axe du stolon, se redresse peu à peu à mesure que se développe le sac branchial et finit par occuper dans l'adulte la position que nous lui voyons figure 3, pl. II. Mais, dans sa retraite, il laisse des deux côtés du sac branchial les deux rubans péripharyngiens, comme des témoins de sa position primitive.

Par suite de ces changements, le canal diapharyngien lui-même s'allonge de plus en plus et paraît relativement de plus en plus étroit.

Lorsque le bourgeon n'a plus besoin d'être nourri par le parent et que sa circulation propre commence à s'établir, le canal diapharyngien n'a plus de raison d'être; il disparaît et

les deux points où il perforait le sac branchial se ferment
et se cicatrisent.

Si, dans l'adulte, on pratique une section transversale
dans la région moyenne du sac branchial, on obtient un rec-
tangle très allongé dont les deux longs côtés correspondent
aux deux branchies. Des deux petits côtés, l'un à parois
épaisses n'est autre que la section de l'endostyle, l'autre opposé, à parois minces, correspond à la face dorsale ou neurale du sac branchial. Cette paroi dorsale mince qui s'étend
depuis le ganglion nerveux jusqu'à l'entrée de l'œsophage
est unie dans toute son étendue et seulement accidentée
par la présence d'un certain nombre de languettes analogues
à celles qu'on observe à la même place chez beaucoup d'Ascidies. Ce sont des sortes de tentacules creux formés par
une invagination locale de la paroi branchiale et couverts depuis la base jusqu'au sommet d'un revêtement de cils ras et
serrés.

La cavité intérieure de ces tentacules est comme celle du
tentacule oral en communication avec la cavité générale,
c'est-à-dire dans cette région avec le sinus médian neural.

Dans le bourgeon, chacun des tentacules dorsaux apparaît
successivement comme une invagination, le plus ancien est
le plus voisin de l'œsophage.

Si nous examinons la figure 3, pl. II, nous voyons que
nous avons décrit successivement la forme définitive et le
développement des diverses parties constitutives du sac
branchial : l'atrium ou goulot de la bouteille avec son orifice,
l'anneau péripharyngien qui le limite inférieurement à partir
du ganglion, puis redescend en bordant l'endostyle et ensuite réunit ses deux branches pour former la bande ciliée
qui, marquant le fond du sac branchial, va rejoindre la lèvre
inférieure de l'œsophage, enfin nous avons étudié l'endo-

style et la membrane dorsale qui lui fait face avec les languettes qui l'accidentent.

Une seule partie double et symétrique nous reste à décrire,
c'est la branchie elle-même; nous nous contenterons pour le
moment d'indiquer sa forme générale dont rend compte la
figure 3, pl. II. C'est, de chaque côté, une lame ou surface
arrondie qui se continue en haut avec l'atrium un peu au-
dessous de l'anneau péripharyngien, qui s'unit en bas à sa
congénère pour former le fond du sac branchial, la bande ciliée inférieure marquant la ligne d'union.

Du côté ventral, elle se rattache à la membrane unissante
de l'endostyle, du côté dorsal à la membrane dorsale, enfin
dans l'angle inférieur et dorsal elle se continue directement
avec l'œsophage. Sur toute sa surface elle est criblée à jour
et forme un véritable treillis. Pour décrire la structure intime de ce treillis, nous attendrons que la disposition des
sacs latéraux nous soit connue; les deux membranes branchiale et cloacale sont, en effet, tellement unies pour former
la branchie qu'il est impossible de séparer leur histoire.

Le développement des sacs latéraux a été décrit en quelques lignes par Huxley d'une manière si précise que nous
aurons peu de chose à ajouter. C'est, après Krohn, incontes-
tablement au savant anglais que revient l'honneur d'avoir,
dès 1859, décrit le mode de développement de ces organes
et insisté sur l'importance de ce fait pour la morphologie
des Tuniciers. Toutefois les figures du savant anglais sont
peu démonstratives, aussi celles qui accompagnent ce mémoire ne seront-elles pas inutiles.

Il suffit d'examiner comparativement le premier et le second bourgeon de la figure 5, pl. II, pour constater que le
canal latéral du stolon se développe avec une grande rapidité
dans le sens du nouvel axe du bourgeon et forme bientôt de

chaque côté une vaste poche ovale et aplatie entre l'épiderme
des flancs et la paroi du sac branchial. Cette poche atteint
presque vers le haut les limites du sac branchial lui-même.
Vers le bas elle les dépasse et, débordant en dessous le tube
digestif naissant, elle se prolonge jusqu'au point où plus
tard apparaîtra l'orifice cloacal. Dans cette région sous-
jacente au tube digestif les deux sacs latéraux, des deux
côtés, ne sont séparés qu'en avant au niveau des organes génitaux (voir le bourgeon 2 de la figure 5). Encore arrive-t-il
plus tard que les organes génitaux reculent de plus en plus
vers l'extrémité de l'endostyle (troisième bourgeon, même
figure) et abandonnent la région des sacs latéraux. Ceux-ci en-
trent alors en contact. Une perforation se produit au point
de contact et établit une communication au-dessous de l'intestin entre les deux sacs latéraux restés clos jusqu'ici comme
deux poches séreuses. Cette communication ne tarde pas à
s'élargir et à devenir une fente bien marquée *c*, fig. 5, et
qui est l'origine même du cloaque.

La figure 8, pl. III, représente la section transversale d'un
bourgeon semblable au troisième de la figure et permet de
bien juger de la forme des espaces péribranchiaux et de leurs
rapports avec le sac branchial et avec la paroi du corps de
l'autre.

La figure 9, pl. III, représente la section longitudinale
d'un bourgeon un peu plus jeune ; on y voit en *st* la section
de l'estomac ; en *pb*, les parois du sac branchial ; en *fp*, le
feuillet pariétal du sac latéral ; en *fv*, le feuillet viscéral. On
voit que le feuillet pariétal tapisse à peu près intérieurement l'épiderme (*ep*) et s'unit à son congénère sur la ligne
médiane.

On voit encore que le feuillet viscéral, après avoir pris
part à la constitution de la branchie , se continue direc-

tement sur la surface du tube digestif, qu'il enveloppe en se
réunissant au-dessous de lui avec son congénère.

Le sujet représenté étant moins avancé que le bourgeon 3
de la figure 5, pl. II, la fente cloacale n'occupe pas encore
toute la largeur des espaces péribranchiaux ; aussi voit-on
subsister en *cl*, une cloison médiane destinée à disparaître
et dont les deux extrémités indiquent les points de soudure
des feuillets de droite et de gauche.

On voit sur cette figure que le tube digestif se trouve ainsi
enfermé dans un vaste canal dont les parois sont formées
par le fond du sac branchial d'une part et de l'autre par les
feuillets viscéraux des sacs latéraux. Ce canal n'est autre
que le sinus périviscéral *sv*, même figure, qui s'abouche
d'une part avec le sinus sous-endostylique, d'autre part avec
le sinus neural. Un peu plus tard s'y développe le même
tissu mésenchymateux et lâche que dans les autres sinus.
La terminaison de l'intestin est primitivement libre au milieu de ce sinus, mais ses bords ne tardent pas à contracter
adhérence avec le feuillet viscéral de gauche avec lequel ils
sont en contact. Puis il y a résorption de tissu, c'est ainsi
que l'anus arrive à s'ouvrir dans l'espace péribranchial
gauche un peu au-dessus du niveau où commence le cloaque
commun.

Le cloaque commun reste longtemps à l'état de simple
fente, comme le représente la figure 5, pl. II ; son accroissement ne commence, comme celui de l'atrium, qu'à l'époque
où le bourgeon se détache du stolon et s'allonge pour se
mettre en rapport avec l'extérieur. Le cloaque devient
alors une vaste chambre (fig. 3, pl. II), dont le grand
développement est dû simplement à l'abaissement de son
plancher.

Nous sommes arrivés au moment où les sacs latéraux

d'abord clos de toutes parts, puis communiquant entre eux par le bas, puis se laissant perforer par l'orifice anal, vont acquérir tout leur développement, en s'ouvrant d'une part dans le sac branchial, de l'autre, dans le cloaque commun de la colonie.

L'orifice cloacal se voit déjà de profil (fig. 5, pl. II), près du point *s*, comme un épaississement ou bourrelet local du plancher du cloaque commun. L'examen de la section (fig. 7, pl. III), qui passe justement par l'orifice en formation, montre en ce point *s* un épaississement et un dédoublement de la membrane cloacale, la lame moyenne résultant de ce dédoublement formera le sphincter composé seulement de quelques fibres lisses qui fermera l'orifice de l'adulte, les membranes interne et externe formeront plus tard, en s'unissant, les bords mêmes de cet orifice.

Le développement et la situation des espaces péribranchiaux peuvent être *résumés* de la manière suivante. Le sac branchio-intestinal étant tout d'abord librement suspendu dans la cavité du corps, deux poches se développent indépendamment sur ses côtés, se rejoignent au-dessous de lui et s'interposent entre lui et la paroi du corps. Cet appareil cloacal peut être assez bien comparé à une selle de cheval renversée, la partie médiane de la selle correspondrait au cloaque médian et les deux branches embrasseraient en remontant à la fois le tube digestif et la plus grande partie du sac branchial. Tout le cuir de la selle formerait les feuillets pariétaux; toute la doublure les feuillets viscéraux et l'intervalle serait un espace vide occupé seulement par quelques canaux transverses en forme de brides sur lesquels nous reviendrons.

Les lames pariétales ne se soudent pas directement à la

paroi épidermique de corps, excepté à l'orifice du cloaque,
partout ailleurs les deux lames sont séparées par un espace
appréciable (fig. 8, pl. III), qui est occupé par un tissu mésenchymateux lacunaire *m*, et fait partie de la cavité générale du corps.

De même, la lame viscérale des sacs latéraux n'adhère à
la paroi du sac branchial que par l'intermédiaire d'un tissu
analogue. Comme le tube branchio-intestinal lui-même,
l'appareil cloacal se trouve donc enveloppé de toutes parts
par les sinus, sauf aux orifices.

Ces sinus se composent essentiellement de deux grandes
et larges voies de communication, ce sont :

1° Le sinus sous-endostylique hémal ou ventral ;

2° Le sinus neural ou dorsal, à l'opposé.

Ces deux sinus communiquent l'un avec l'autre par deux
voies.

L'une est le sinus viscéral (*sv*, fig. 9, pl. III), dans lequel
baignent le tube digestif et les organes génitaux, et qui,
comme nous l'avons vu, est compris entre le fond du sac
branchial et les deux lames viscérales des espaces péribranchiaux.

L'autre est le système compliqué des vaisseaux de la
branchie.

Entre le sinus endostylique et le sinus viscéral se trouve
l'organe **propulseur**, le cœur. On sait, depuis les observations de H. Milne Edwards, qu'il bat alternativement dans
les deux sens. Quoi qu'il en soit, le sang, pour parcourir un
cycle complet dans un sens ou dans l'autre, doit traverser
une fois la branchie. Les sinus ne sont pas de simples vides
entre les organes ; les espèces interorganiques sont, en
effet, partout occupés par un tissu conjonctif qui, chez le
Pyrosome, ne forme que des lames membraneuses incom-

plètes et des brides lâchement unies. Le sang se trouve donc simplement dirigé à travers ces lacunes, et, en dehors des lames branchiales, on ne trouve pas de vaisseaux proprement dits. Chez les Salpes, ce tissu conjonctif, cette sorte de mésenchyme, pour employer le terme d'Ed. van Beneden, est de structure plus dense, et les vides qui restent entre ses mailles constituent de véritables vaisseaux au calibre nettement défini.

Les parois du cœur et celles du péricarde résultent du développement et de l'adaptation spéciale d'une de ces lames membraneuses.

Le péricarde est une large poche cylindrique arrondie aux deux extrémités, en forme de courge, et s'étendant depuis le niveau où se terminent inférieurement les lames latérales jusqu'à celui où commence le tissu sexuel germinatif. Il correspond donc à la courbure de l'anse intestinale, mais se trouve tout entier non sur la ligne médiane, mais sur le côté droit du corps, l'anus étant à gauche.

La paroi du péricarde est une mince membrane, et le cœur lui-même n'est qu'un simple pli longitudinal de cette poche extérieure, invaginé dans sa propre cavité, comme l'indique la figure 5, pl. I, seulement la paroi du cœur est musculaire.

Branchie. — Nous avons déjà décrit plus haut la forme générale de la branchie. Nous avons vu qu'elle se compose de deux larges lames en forme de quadrilatère arrondi (fig. 3, pl. II), qui correspondent aux deux parois latérales du sac branchial et que ces lames sont percées à jour par des fenêtres qui mettent en communication la cavité branchiale avec les espaces péribranchiaux.

Étudier l'une de ces lames sera étudier l'autre. Quand on l'examine de face avec un objectif faible (ob. n° 1 de Nachet), on voit qu'elle se compose d'un treillis fort régulier dont les mailles sont des rectangles un peu allongés dans le sens transversal, c'est-à-dire neuro-hémal. Ces mailles sont formées par l'entre-croisement de deux systèmes de lignes, les unes transversales, les autres longitudinales. Les lignes transversales, examinées attentivement, se laissent dédoubler en deux rangées parallèles et rapprochées de cellules semblables. Les lignes longitudinales se laissent dédoubler également, mais en une ligne forte et bien accentuée, accompagné d'une autre ligne parallèle, mais beaucoup plus fine et plus délicate.

Le nombre des doubles lignes transversales varie avec le sujet et s'accroît longtemps ; dans un individu adulte et de moyenne taille, il est de vingt à vingt-cinq.

Dans les mêmes conditions on compte une quinzaine de doubles lignes longitudinales.

Les lignes transversales n'ont pas toutes la même longueur. A cause de la forme arrondie de la branchie, elles sont plus longues vers le milieu que vers le haut ou vers le bas, où elles finissent même par être très courtes. Il en est de même pour les lignes longitudinales, elles sont plus longues vers le milieu et plus courtes vers les bords hémal et neural.

Si on examine les extrémités de ces dernières, on voit qu'elles se terminent brusquement en haut et en bas au niveau de la dernière ou de la première double ligne transversale se trouvant sur leur trajet.

Un grossissement un peu plus fort montre même que les deux lignes composantes se rejoignent et se confondent à l'extrémité.

Les deux lignes qui composent chacune des doubles lignes transversales se comportent tout différemment aux extrémités ; au lieu de se rejoindre elles s'écartent, et chacune d'elles va rejoindre sa voisine de la paire précédente et de la suivante.

De cette manière, deux doubles lignes consécutives étant considérées, leurs deux lignes internes qui se regardent se rejoignent par les extrémités et constituent un anneau complet ; cet anneau n'est autre que le pourtour d'une longue fente qui occupe toute la largeur du sac branchial de la face hémale à la face neurale, qui n'est interrompue de distance en distance que par les lignes longitudinales qui la traversent et qui met en communication le sac branchial avec le sac péribranchial.

Cette fente n'est séparée de la fente suivante que par une double ligne transversale, et l'espace étroit compris dans cette double ligne et interposé entre deux fentes consécutives n'est autre, comme nous le verrons plus tard, que la lumière de l'un des canaux transverses de la branchie ; ce canal communique largement à chacune de ses extrémités soit avec le sinus neural, soit avec le sinus hémal.

Abstraction faite pour un moment des lignes longitudinales, la branchie se compose donc d'une série de vingt ou vingt-cinq longues fentes séparées par autant de canaux étroits ; ces fentes diminuent de longueur en haut et en bas, et les deux dernières vers le bas ne sont même représentées que par deux courtes boutonnières à grosses lèvres.

Faisons jouer la vis du microscope, nous acquerrons bien vite la conviction, corroborée par les sections, comme nous le verrons plus loin, que les fentes transversales, avec leur bordure de cellules, sont dans un plan extérieur par rapport aux lignes longitudinales qui croisent ces dernières intérieurement.

A l'aide d'un objectif plus fort (obj. 5 Nachet), on voit que chaque double ligne longitudinale se compose : 1° d'un gros cordon de cellules ; 2° d'une fine ligne de cellules portant, de distance en distance, un bouquet ou pinceau de cils courts en touffe. On voit encore que cette dernière rangée de cellules est adhérente au système des fentes et canaux transverses, tandis que l'épais cordon cellulaire est libre dans la cavité branchiale et ne lui est rattaché que par une mince membrane double et formant tube. Enfin, quand on examine soigneusement le point de croisement d'un canal transversal avec un tube longitudinal, on le voit entouré de quatre lignes délicates, convexes et divergentes. Cette disposition se répétant à chaque croisement et toutes ces lignes se rejoignant deux à deux, il en résulte autant de fenêtres elliptiques, qui correspondent à chacune des mailles du treillis branchial et semblent taillées dans une membrane aussi délicate et transparente que celle du péricarde ou des sinus.

La branchie semble donc composée de deux systèmes de tubes entre-croisés, situés dans deux places différentes et comprenant entre eux une membrane fenêtrée très délicate.

Le système des tubes longitudinaux ne porte que ces rares touffes de cils que nous avons déjà signalées. Au contraire, les cellules qui bordent les tubes transversaux portent un riche revêtement ciliaire. Ces cellules sont allongées, un peu aplaties en table, et chacune d'elles porte un véritable gazon de cils longs, fins et serrés. Leur noyau est peu visible ; en revanche, traitées par le picrocarminate, elles se montrent remplies de très nombreux petits granules.

Nous avons décrit la structure de la branchie adulte ; l'étude de son développement dans le bourgeon la fera comprendre encore mieux.

La lame, qui, dans le bourgeon, va servir à former la

branchie, se compose, dès l'origine, de trois lames juxtaposées :

1° Une lame interne à structure épithéliale, qui est la
paroi du sac branchial ;

2° Une lame externe, également à structure épithéliale,
qui est le feuillet viscéral du sac péribranchial correspondant ;

3° Entre les deux, une lame du tissu conjonctif, qui remplit les sinus.

Cette dernière est d'ailleurs, à l'origine, tellement mince,
qu'on ne peut la voir sur une coupe.

De bonne heure (voir section, fig. 7, pl. III), le feuillet viscéral du sac péribranchial se montre particulièrement épais
sur toute sa surface de contact avec la paroi du sac branchial. Bientôt il se plisse et quatre à cinq bourrelets ovales
apparaissent à la file et presque simultanément sur cette surface, que nous appellerons l'*aire branchiale* (fig. 5, pl. II, bourgeon moyen). Ces bourrelets se multiplient, puis les moyens
s'allongent, ce qui produit la figure 4, pl. III, puis la figure 5,
pl. II, troisième bourgeon. Si nous considérons cette figure,
nous y voyons marqués quinze bourrelets transparents, séparés par des lignes obscures. Ces lignes obscures correspondent
aux futurs canaux transverses, et les bourrelets transparents
aux futures fentes branchiales. En effet, un peu plus tard,
on voit une ligne claire partager chacun des bourrelets ; c'est
la fente en formation, et le bourrelet se trouve ainsi subdi-
visé en deux bandes, dans lesquelles on reconnaît bientôt
des cellules, les futures cellules ciliées. Peu à peu, la fente
s'allonge à la fois et s'élargit, de sorte que les deux bandes
en question s'écartent peu à peu l'une de l'autre et se rapprochent, au contraire, des bandes contiguës appartenant
aux bourrelets voisins. Les sections 14 et 15, pl. I, rendent

bien compte de ces faits ; ce sont des sections longitudinales pratiquées sur des bourgeons à deux stades différents.

En 15, on voit les replis qui forment la paroi des canaux transverses ; les fentes qui les séparent sont encore fort étroites. En 14, ces fentes s'élargissent et laissent un espace entre chacun des canaux, lesquels ont pris eux-mêmes une forme arrondie. On voit encore, en *m* et *n*, l'indice de la double origine de ces canaux.

La section 14 est faite suivant l'un des canaux longitudinaux dont le cordon cellulaire se voit en *c*, tandis que *s* représente la portion membraneuse.

Cette section coupe, par conséquent, tous les canaux transverses. On peut voir que chacun de ceux-ci a sa paroi extérieure formée par les cellules de l'épithélium péribranchial ; mais, en dedans de cet arc cellulaire, une observation attentive reconnaît une fine membrane qui double la première intérieurement, qui appartient au tissu conjonctif interstitiel et sert de membrane propre au vaisseau branchial.

Jusqu'ici, il n'a pas été question des vaisseaux longitudinaux ; c'est qu'ils n'apparaissent qu'à une époque plus tardive, bien après les vaisseaux transverses.

Cependant, sur un bourgeon tel que le dernier de la figure 1, pl. III, en abaissant le tube du microscope, on aperçoit, au-dessous du plan formé par les plis transverses, une série de cinq ou six bandes longitudinales, obscures et fort espacées. Ce sont autant de plis de la paroi du sac branchial.

La section 12, pl. 1, nous montre que ces plis sont creux et laissent voir une lumière canaliforme ; ces canaux ne sont autres que les canaux longitudinaux ; ils s'élargissent, font, de plus, saillie dans l'intérieur du sac branchial : leur paroi, de ce côté, reste forte et composée de cellules épaisses ;

au contraire, sur les côtés, ces cellules deviennent fort minces et ce sont ces cellules minces, ou du moins parmi elles les cellules marginales, qui portent ces touffes éparses de cils courts dont il a été parlé plus haut.

Comme les canaux transverses, ces canaux longitudinaux sont tapissés intérieurement, sous l'épithélium, par une membrane de tissu conjonctif, et, en réalité, leur épithélium superficiel ne forme qu'un demi-canal extérieur, les parois internes pour les uns comme pour les autres, les parois en contact étant exclusivement formées par la membrane vasculaire.

Nous allons maintenant comprendre l'apparence, déjà décrite, d'une sorte de membrane mince et fenêtrée, interposée entre les deux systèmes des canaux longitudinaux et transversaux.

La paroi interne des vaisseaux transversaux, la paroi externe des vaisseaux longitudinaux sont toutes deux formées d'une membrane délicate, qui passerait inaperçue sur le dessin de la branchie, si, à chaque entre-croisement de deux canaux, il n'y avait entre eux anastomose. Le revêtement épithélial n'est pas affecté par cette anastomose ; il conserve partout le même calibre ; mais il n'en est pas de même de la membrane vasculaire ; celle-ci se dilate à chaque anastomose. Les vaisseaux longitudinaux ont un calibre notablement supérieur à celui des vaisseaux transversaux, dans lesquels la membrane vasculaire est plus serrée sur son cadre épithélial. Aussi, à chaque croisement, le canal longitudinal envoie-t-il de chaque côté deux larges voies de communication qui, à l'origine, ont à peu près son calibre, mais se rétrécissent bientôt pour reprendre peu à peu le calibre normal du canal transverse. Telle est la cause de ces apparences de quadrilatères arrondis, au contour très délicat, qui doublent les quadrilatères anguleux et accentués formés par l'épithélium des canaux.

La branchie se compose donc essentiellement d'un réseau à mailles rectangulaires et à angles arrondis de canaux sanguins, endigués par une membrane délicate formée du même tissu conjonctif qui remplit les sinus et constitue le cœur lui-même.

Les canaux longitudinaux ont leur surface libre, celle qui correspond à l'intérieur du sac branchial, revêtue par un revêtement épithélial qui est particulièrement épais au fond, parce qu'il doit protéger le vaisseau contre le choc d'objets venant de l'intérieur du sac et appelés par le courant de cils. Au contraire, ce revêtement épithélial devient mince sur les côtés, parce qu'il est moins utile.

Les vaisseaux transversaux ont leur surface libre recouverte d'un revêtement épithélial, qui est particulièrement épais sur les bords, car la paroi extrême n'a rien à craindre du courant qui la fuit, tandis qu'au contraire il est nécessaire que les cils que portent ces cellules épithéliales soient placés sur le pourtour des fentes pour produire le courant.

Les cils réunis en touffes, que portent de distance en distance les canaux longitudinaux, ressemblent à ceux qui forment la bande marginale ciliée de l'endostyle.

L'épithélium des canaux longitudinaux est tout ce qui reste dans la lame branchiale adulte de la paroi du sac branchial ; c'est donc un épithélium endodermique.

Le revêtement épithélial des canaux transverses est, de même, tout ce qui reste dans la lame branchiale du feuillet viscéral du sac péribranchial. Cet épithélium à longs cils, produisant un courant centrifuge, un courant d'expulsion, appartient au même feuillet que les canaux latéraux dont il dérive.

[Ici s'arrête ce chapitre, le seul dont la rédaction puisse être considérée comme définitive dans les papiers laissés par l'auteur. Nous plaçons à la suite un chapitre concernant le système nerveux, qui, bien que rédigé au courant de la plume, est assez complet et offre un réel intérêt.]

IV

SYSTÈME NERVEUX.

D'après Kowalewsky, le système nerveux se présente d'abord sous la forme d'un amas allongé de cellules au milieu desquelles apparaît bientôt une cavité qui le convertit en un canal.

Nous avons pu constater nous-même l'exactitude de ces faits. Les figures 2 et 9, pl. 1, représentent (en *n*), en vue de profil et en section transversale, le rudiment du système nerveux, alors qu'il est encore à l'état de simple cordon plein. Les figures 1 et 17 nous le montrent (en *n*) à un stade un peu plus avancé au moment où il vient de se convertir en un canal.

Ce canal ne tarde pas à s'isoler du mésoderme qui l'a produit et à prendre la forme, représentée par la figure 2, pl. IV, en *v*, d'une vésicule creuse, à parois minces, renflée et arrondie en avant, se terminant en pointe en arrière.

Ce stade est le plus avancé qu'on observe dans un bourgeon de premier rang.

Dans un bourgeon de deuxième rang, Kowalewsky représente la même vésicule en coupe optique dans sa figure 7, pl. XXVII, *n;* elle présente, d'après lui, deux extrémités arrondies.

Nous avons observé que, dans le bourgeon de deuxième rang, la vésicule (*v*) est encore un peu atténuée en arrière, que ses parois sont beaucoup plus épaisses qu'au stade précédent ; enfin, qu'au point de vue histologique, négligé par l'auteur russe, ces mêmes parois sont formées par une seule couche de cellules cubiques bien caractérisées.

A part ces détails complémentaires, nous sommes, on le voit, jusqu'ici complètement d'accord avec l'éminent observateur ; mais, au bourgeon du troisième rang, l'accord cesse.

Décrivant la formation de la fossette vibratile dans le bourgeon du troisième rang, Kowalewsky s'exprime en ces termes :

« La paroi du sac branchial forme un petit enfoncement, qui représente l'ébauche de la fossette vibratile. Cette fossette s'enfonce quelque peu dans le ganglion, qui se compose d'un amas de cellules. Le *système nerveux a, à cette époque, perdu sa forme primitive de canal* et consiste en un amas allongé de cellules arrondies, au milieu desquelles on *n'aperçoit plus qu'une faible indication de la cavité ancienne* (1). »

Cette description est plutôt le résultat d'une supposition que celui d'une observation ; il suffit, pour s'en convaincre, de jeter les yeux sur la figure qui l'accompagne (fig. 7, *n* et *f*, de la planche XXVII du mémoire de Kowalewsky). Elle est extrèmement vague et ne donne nullement l'idée des choses. Si l'auteur russe avait réellement observé ce stade, il aurait certainement vu ce que nous allons décrire.

Notre figure 9, pl. II, représente la section longitudinale du système neural, tel qu'il se montre dans la plupart des bourgeons du troisième rang.

La vésicule primitive *v* n'est nullement oblitérée ; elle a seulement changé de forme : de biconvexe qu'elle était sur la section, elle est devenue concavo-convexe. En effet, sa

<hr>

1 KOWALEWSKY, op. *cit.*, p. 603.

moitié extérieure, au lieu de rester rebondie, s'est aplatie, puis déprimée au point de venir, pour ainsi dire, doubler la moitié interne.

La cavité de la vésicule primitivement sphérique s'est ainsi convertie en un canal arqué à concavité extérieure. D'ailleurs, malgré cette modification dans sa forme, la vésicule est toujours reconnaissable ; elle a grandi comme toutes les autres parties du bourgeon, mais ses parois sont toujours formées par ces mêmes cellules cubiques si reconnaissables dont nous avons parlé.

Pourquoi ce changement de forme s'est-il produit ? La figure même en donne l'explication. Primitivement, au stade représenté par la figure 2, pl. IV, la paroi extérieure de la vésicule est directement appliquée contre la face interne de l'épiderme et rien n'est interposé entre ces deux membranes. Au contraire, maintenant nous voyons à cette place un petit amas lenticulaire de cellules arrondies et granuleuses, toutes différentes d'aspect des cellules cubiques de la vésicule. Cette différence d'aspect est si marquée, qu'il est inutile, pour distinguer ce que nous venons de décrire, d'avoir recours à une section ; cela se voit parfaitement, en coupe optique, sur le vivant et également sur une préparation bien transparente.

Aussi le fait mis en évidence par la section que nous venons de décrire et de figurer a-t-il pu être vérifié par nous bien des fois depuis. A un certain moment, un petit amas de cellules (*g*) apparaît entre la vésicule et l'épiderme. Cet amas, grossissant avec une rapidité extrême, prend une forme lenticulaire et repousse la paroi externe de la vésicule. Il grandit de plus en plus, prend une forme ovoïde, puis piriforme, et, débordant sur les côtés la vésicule primitive, il finit par constituer le ganglion nerveux.

Quant à la vésicule elle-même (*v*). elle se met, par son sommet antérieur dont la paroi se résorbe, en communication avec une légère excavation de la paroi branchiale et constitue la fossette vibratile, le sac cilié décrit par Huxley. La section représentée figure 9 rend déjà compte de cet état de choses.

Il est donc avéré que le ganglion ne résulte pas, comme on le croirait en lisant la description de Kowalewsky. de la transformation de la vésicule primitive elle-même oblitérée, mais qu'il se forme de toutes pièces comme une création nouvelle entre la vésicule et l'épiderme. Quelle est son origine ? Il est certain qu'il ne naît pas de l'épiderme qui conserve en ce point son épaisseur normale, il n'existe non plus en cet endroit aucun tissu interposé entre la vésicule et l'épiderme dont il puisse dériver. Il ne reste plus qu'une hypothèse possible et elle correspond aux faits ; le ganglion se développe comme un bourgeon de la face dorsale de la vésicule. — Ces faits sont fort difficiles à observer, car si les stades du développement de la vésicule sont lents à se succéder, ceux du développement du ganglion se produisent avec une extrême rapidité, si bien que les bourgeons où l'on peut en observer le début sont fort rares.

Déjà vers la fin du stade ovoïde la vésicule présente une paroi dorsale sensiblement plus épaisse que la paroi branchiale ; sur les sections passant par l'axe du bourgeon on voit un point de cette paroi dorsale plus épaissi que le reste et formant déjà une petite protubérance, un petit amas de quelques cellules. Cet amas est à n'en pas douter le rudiment du ganglion.

Nous reviendrons un peu plus loin sur la détermination du point précis de la vésicule où il prend naissance. pour le moment il nous suffit de constater qu'il n'est pas la vésicule elle-même, mais qu'il en dérive seulement et à une époque tardive du développement.

Passons pour le moment les stades intermédiaires pour prendre une connaissance exacte de la disposition qui s'observe chez l'adulte.

Le ganglion vu de face (fig. 3, pl. IV) est en forme d'écusson arrondi en avant et en arrière atténué et terminé par deux tubercules qui sont l'origine des nerfs inférieurs. — Sa face externe est bombée, sa face branchiale plus plate se distingue surtout par la présence, sur la ligne médiane, du sac cilié. Celui-ci à première vue apparaît comme un cordon cylindrique accolé au ganglion et égalant en diamètre à peu près le tiers de sa plus grande largeur. — En longueur il égale au moins celle du ganglion, car il dépasse légèrement son bord antérieur et atteint son bord postérieur.

Si on regarde avec plus d'attention, on voit que ce cordon n'est pas régulièrement cylindrique, mais qu'il est divisé en trois portions, une antérieure, allongée, dilatée en avant, une moyenne arrondie, et une postérieure en forme de papille. Huxley a déjà assez bien décrit, mais mal figuré ces détails. La portion moyenne arrondie n'est autre que ce qu'il appelle le tubercule, qu'il représente isolé du reste de l'organe dont la partie postérieure est d'ailleurs absente sur la figure.

Une vue de profil du ganglion telle que celle représentée par notre figure 5, pl. II, nous éclairera davantage sur la forme de ces différentes parties.

Sur le vivant on observe les apparences suivantes (fig. 5, pl. IV). La masse du ganglion est grisâtre et opaque. Sa moitié inférieure est granuleuse et très près de la ligne médiane, colorée vivement par une tache de pigment rouge. Appliqué suivant la ligne médiane sur sa face ventrale se voit le sac cilié dont les parois transparentes contrastent avec la teinte grise du ganglion. Il est arqué, mais cylindrique dans toute sa portion postérieure. En avant seulement, il se détache du ganglion, s'incurve légèrement et se dilate un peu pour s'ouvrir dans le sac branchial. — Enfin, vers le tiers postérieur de sa longueur se voit un petit amas de cellules granuleuses qui forment comme une espèce de manchon opaque autour du tube transparent et, s'accumulant du côté ventral, figurent une sorte de tubercule saillant qui correspond parfaitement à l'éminence arrondie que nous avait fait connaître la vue de face.

L'orifice du canal s'ouvre au fond d'une dépression à peine sensible du sac branchial dont l'épithélium dans cette région est fortement épaissi et garni de cils courts et pressés. A l'entrée du canal même on n'observe que deux ou trois flagellums implantés tout à fait sur le bord de l'orifice et dirigés vers le fond du sac. Les parois du sac proprement dit sont complètement dépourvues de cils à l'intérieur.

Si maintenant nous examinons les choses non plus sur le vivant, mais sur une préparation transparente et colorée, nous pourrons constater quelques faits de plus (fig. 4, pl. IV), Nous verrons, en effet, que dans sa partie inférieure le canal ou sac cilié est à peu près cylindrique et pourvu d'une paroi propre, formée de ces cellules cubiques que nous avons déjà observées dans le bourgeon.

Au contraire, dans sa partie moyenne correspondant au tubercule saillant, ces mêmes cellules ne sont plus reconnaissables dans la paroi, qui perd en outre son contour régulier pour devenir comme bossuée et boursouflée. La cavité du sac nettement circonscrite ailleurs comme un trou rond, est elle-même irrégulièrement dilatée, et à moitié remplie par un tissu lâche et lacunaire qui se trouve en contact avec la face branchiale du ganglion d'une manière directe, car, en ce point, la paroi postérieure du sac cilié qui ailleurs sépare la cavité de cet organe du ganglion, ou n'existe pas ou se trouve elle-même transformée en tissu spongieux. Au-dessus comme au-dessous de cette région moyenne, le sac cilié conserve son aspect tubulaire : il se termine en arrière en cul-de-sac.

Ces faits qui nous sont révélés par une coupe optique longitudinale sont mis en évidence d'une manière encore plus nette s'il est possible par les sections transversales; celles représentées figures 6, 7 et 8, pl. IV, nous montrent trois sections faites à différents niveaux dans le ganglion.

L'une, figure 7, passe par la région moyenne et rend compte de l'aspect du tissu spongieux et de l'absence de paroi dorsale qui se trouve peut-être représentée uniquement par les deux paquets de cellules disposés sur les côtés.

L'autre, figure 6, est pratiquée plus haut que la précédente et très peu au-dessous de l'orifice branchial du sac cilié. On le voit sur la section comme un petit anneau détaché du ganglion. Ses parois sont très distinctes et formées de cellules cubiques, sa cavité cylindrique.

La dernière enfin, figure 8, passe au-dessous de la région moyenne, on y voit le canal directement appliqué sur le ganglion, mais pourvu partout d'une paroi propre.

D'après tous ces faits, nous pouvons résumer de la manière suivante le mode d'origine et la constitution définitive du système nerveux.

Un épaississement en forme de cordon plein paraît au milieu du mésoderme du bourgeon sur la ligne médiane neurale. Ce cordon se creuse bientôt après d'un canal. Ce canal se renfle à une extrémité, et prend la forme d'une vésicule. Les parois de cette vésicule s'épaississent et se montrent formées par un seul rang de cellules cubiques. Sur la paroi dorsale quelques-unes de ces cellules en se divisant tangentiellement produisent un petit amas de cellules dérivées, qui sont l'origine du ganglion. Elles se multiplient en effet rapidement, prennent une forme arrondie qui les rend bien distinctes des cellules cubiques de la vésicule, et constituent par leur masse le ganglion définitif. Celui-ci refoule peu à peu la paroi externe de la vésicule primitive dont la cavité se transforme alors en un canal arqué. Vers l'extrémité supérieure de ce canal la paroi se résorbe ; au même point la paroi du sac branchial qui forme une légère dépression se perfore elle-même, ainsi se trouve établie une communication entre la cavité du sac branchial et celle de la vésicule primitive devenue le sac cilié. Il est à remarquer que l'épithélium du sac branchial ne pénètre pas dans le canal, mais s'arrête tout à fait à l'entrée, ce sont ces cellules qui portent les deux ou trois flagellums, qu'on voit vibrer sur le vivant dans l'intérieur du canal. L'épithélium du sac lui-même ne porte aucun cil.

Je dois avouer que jusqu'ici je n'ai pas réussi à observer les passages qui séparent de l'état adulte le stade représenté figure 5, pl. II, en un mot, à suivre le développement du tubercule parenchymateux. Je pense seulement qu'il se produit comme un diverticulum de la paroi ventrale du canal, et que si sa voûte n'a pas de paroi propre, cela tient à ce qu'elle correspond au point même où nous avons vu se former, aux dépens de cette paroi, les premiers rudiments du ganglion.

Toujours est-il que nous voyons à l'état adulte le sac cilié être constitué des parties suivantes :

Une portion antérieure canaliforme à parois complètes de cellules cubiques et légèrement dilatée en avant en entonnoir, pour communiquer avec la paroi branchiale ;

Une portion moyenne, parenchymateuse et glandulaire,

directement appliquée sur la face ventrale du ganglion dont aucune paroi ne la sépare;

Enfin, une portion postérieure creuse, en cul-de-sac, mais n'ayant de parois propres à cellules cubiques que sur la face ventrale, tandis que du côté dorsal elle paraît être comme la précédente en rapport intime avec le ganglion.

Il nous est impossible d'écrire ces lignes sans faire remarquer les ressemblances complètes qui existent entre le sac cilié du Pyrosome et l'organe analogue qui existe chez les Ascidies.

Tous les auteurs, depuis Savigny, connaissent ce pavillon qu'il a nommé tubercule antérieur, que d'autres ont appelé depuis organe vibratile, organe olfactif, sac cilié. Il se trouve à l'entrée de la branchie, au-dessus de cet espace triangulaire formé par la réunion des deux bandes péripharyngiennes, exactement dans la position occupée par l'orifice du sac cilié dans le Pyrosome. Généralement, il est très rapproché du ganglion, mais ailleurs, comme dans certaines Ascidies, il en est très éloigné.

Je le répète, tous les auteurs ont vu le pavillon et l'ont décrit à cause des caractères que ses formes variées fournissent pour la classification.

En revanche, Hancock est le premier qui ait signalé sous le ganglion un amas de forme ovoïde. et M. de Lacaze-Duthiers est aussi le premier qui ait décrit avec soin cette masse sous-nerveuse et ait démontré sa nature glandulaire.

Enfin à Ussow et à Nassanow revient l'honneur d'avoir, chez les Ascidies simples. démontré la communication qui existe entre cette glande et le pavillon vibratile.

Il existe donc chez la plupart des Ascidies simples, sous le ganglion, un organe composé d'un pavillon vibratile s'ouvrant dans le sac branchial, d'un canal plus ou moins long

et d'une masse glandulaire appliquée sous la face ventrale
du ganglion.

Il est facile de reconnaître ces diverses parties dans notre
description du sac cilié du Pyrosome, la portion antérieure
évasée et flagellifère représente le pavillon dilaté et flagellifère, la portion cylindrique représente le canal, le tubercule
glandulaire représente évidemment la masse glandulaire
des Ascidies, mais à l'état rudimentaire. La portion postérieure en cul-de-sac du sac cilié du Pyrosome est la seule
qui n'ait pas d'homologue dans l'Ascidie, mais on peut croire
que chez ces animaux elle se trouve noyée dans la masse du
tissu glandulaire.

Un intéressant mémoire, publié sur ce sujet par M. Julin.
en 1881, est rempli de détails qui vont nous servir à confirmer d'une manière frappante les homologies que nous venons
d'établir. Pour M. Julin, la glande en question, son canal et
son pavillon représentent l'hypophyse des vertèbres.

Nous discuterons plus loin cette hypothèse; pour le moment, contentons-nous de constater que, d'après lui, chez
les Ascidies : 1° la paroi du canal est constituée par un *épithélium cubique* sans membrane propre ; 2° le canal est appliqué
immédiatement contre la face inférieure du ganglion nerveux
sans interposition de tissu conjonctif; 3° dans sa partie antérieure, il constitue un vrai canal, tandis que dans sa partie
postérieure il forme une vraie gouttière, ce qui dépend de ce
que la masse glandulaire ne se continue pas avec l'extrémité du canal, mais se trouve en réalité à sa surface inférieure.

A tous ces caractères nous pouvons reconnaître une fois
de plus, dans «l'hypophyse» des Ascidies, le sac cilié du Pyrosome, car, si nous supposons simplement que dans ce sac
cilié la partie canaliforme s'allonge et que le tissu paren-

chymateux du tubercule s'exagère, nous aurons la reproduc-
tion exacte de l'appareil que décrit M. Julin.

Canal à cellules cubiques sur un seul rang et sans membrane propre dans les deux cas, dans les deux cas aussi canal
appliqué immédiatement sur la surface du ganglion sans
interposition de tissu conjonctif, et incomplet dans la région
de la glande.

Ainsi l'anatomie, l'histologie, la morphologie s'unissent
pour le démontrer. Le sac cilié du Pyrosome adulte correspond exactement à l'ensemble d'organes constitué par le
pavillon vibratile, son canal et sa glande dans l'Ascidie
adulte.

Partant de ce fait, il n'est certainement pas téméraire de
supposer que deux organes homologues, chez des animaux
aussi voisins que l'Ascidie et le Pyrosome, doivent avoir dans
l'embryon une origine semblable et que si dans le Pyrosome
le sac cilié n'est autre chose que la vésicule primitive transformée, dans l'Ascidie également le même organe doit résulter du développement du canal primitif; enfin, que dans
les deux cas le ganglion doit se produire non aux dépens du
canal primitif lui-même, mais comme un organe dérivé tar-
divement d'une partie de sa substance.

Cette hypothèse se trouve déjà confirmée par ce fait que
Kowalewsky dit avoir vu de bonne heure entre la chambre
branchiale et la partie antérieure du canal neural une communication qui correspondrait à celle que nous avons vue se
former dans le Pyrosome, et deviendrait plus tard l'orifice
du pavillon. Kuppffer, il est vrai, dit n'avoir pu découvrir cet
orifice, mais les observations et les figures de Kowalewsky
sont assez précises, même en l'absence de toute autre donnée,
pour laisser peu de place au doute.

Malgré cette première observation qui vient à l'appui de

notre hypothèse, il est nécessaire pour qu'elle passe dans le domaine des faits que de nouvelles recherches soient entreprises sur ce point particulier du développement des Ascidies simples.

L'orifice représenté par Kowalewsky existe-t-il, oui ou non?

Comment se forme le ganglion? On admet généralement qu'il se produit aux dépens de la partie postérieure du canal neural, dont la cavité persisterait pendant quelque temps au milieu de sa substance pour aller rejoindre au delà la « moelle épinière ». Est-ce vrai ? Cela est peu d'accord avec la disposition observée par M. Julin dans l'adulte, où le canal devenu gouttière se prolonge fort loin sous la face inférieure du ganglion, mais sans pénétrer dans sa substance.

Enfin, que devient la partie antérieure du canal neural, celle qu'on nomme la « vésicule cérébrale »? Est-il vrai qu'elle s'atrophie et disparaisse ? Ne deviendrait-elle pas plutôt tout simplement soit la glande, soit la partie profonde du pavillon.

Si ces détails demandent à être observés de plus près chez les Ascidies simples, on peut déjà considérer comme bien avancée l'histoire générale de cette intéressante question, grâce aux travaux de Ganin [1], de Salensky, de Keferstein et Ehlers, relatifs aux Ascidies composées, aux Salpes, au Doliolum et que M. Julin semble ignorer. L'appoint que je lui apporte aujourd'hui, au sujet du Pyrosome, contribuera encore, je l'espère, à l'éclaircir.

Dès 1870, Ganin a décrit d'une manière succincte, mais explicite, la formation du ganglion, de la glande sous-jacente, de son canal et du pavillon vibratile aux dépens d'un seul et

---

[1] GANIN. *Neue Thatsachen aus der Entwickelungsgeschichte der Ascidien. Zeitschrift für wiss. Zool.*, 1870, XX, p. 512.

même tout. le canal neural primitif « medullarrohr », et cela
chez plusieurs Ascidies composées.

En 1861, Keferstein et Ehlers observèrent déjà que le
ganglion du Doliolum se développait sur un organe arrondi,
d'abord beaucoup plus épais que lui, et envoyant un prolongement jusqu'au pavillon vibratile.

Enfin Kowalewsky en 1868, Salensky en 1876, ont décrit
la vésicule neurale des Salpes, et la manière dont elle se met
en communication avec la cavité de la branchie.

De toutes ces observations, il ressort avec une grande évidence que, chez tous les Tuniciers, le système nerveux se
présente tout d'abord sous la forme d'une vésicule creuse,
que la cavité de cette vésicule se met à un moment donné en
communication avec la cavité branchiale par sa partie antérieure, enfin que le ganglion, la glande, le canal, le pavillon
dérivent de cette vésicule primitive.

M. Julin est absolument dans l'erreur lorsqu'il pense que
la glande et son canal résultent d'une invagination de l'épiblaste allant à la rencontre du ganglion. L'histoire de l'embryon et du bourgeon montre clairement le contraire.

En effet, comme nous l'avons vu dans le Pyrosome, le
canal jusqu'à son embouchure est formé de la substance
même de la vésicule primitive, l'invagination de la paroi
branchiale qui contribue à former la partie évasée, ou le pavillon. n'est qu'une légère dépression sans profondeur, elle
fournit au pavillon son revêtement de cils, mais elle ne va
pas au delà, elle ne pénètre pas dans le canal.

D'ailleurs, elle ne se produit. cette dépression, qu'à une
époque tardive, alors que ganglion et tubercule glandulaire
sont déjà constitués de toutes pièces.

Il y a mieux d'ailleurs. l'épithélium qui s'enfonce ainsi
légèrement dans le pavillon n'appartient pas à l'épiblaste,

il suffit de consulter nos figures pour voir que cet épithélium, qui n'est autre que celui de l'anneau péripharyngien, appartient à l'atrium, c'est-à-dire à une production essentiellement endodermique, et que l'épiblaste s'arrête bien au-dessus de cette région.

La plupart des auteurs ont regardé l'organe vibratile des Ascidies comme un organe olfactif. Tous ont cherché un nerf au voisinage du pavillon. Aucun n'en a trouvé.

Ne trouvant pas ce nerf considéré comme nécessaire à l'exercice de l'olfaction et se fondant sur l'apparence glandulaire de la masse sous-nervienne, MM. Ed. van Beneden et Julin ont supposé que tout l'appareil était un appareil excréteur, dont le pavillon était l'orifice. Puis, s'appuyant sur des considérations que nous allons examiner, ils l'ont comparé à l'hypophyse des vertébrés.

Il y a une première objection à faire à cette manière de voir. Pour qu'un canal soit un canal excréteur, il ne suffit pas qu'il y ait au bout quelque chose qui ressemble à une glande, il faut encore que le courant qui parcourt ce canal soit dirigé vers l'extérieur et non vers la glande. Ce fait est traduit, on ne peut mieux, dans tous les organes segmentaires, par le sens dans lequel on voit vibrer les cils vibratiles.

Or, tous les auteurs qui ont observé les tuniciers, non dans l'alcool mais vivants, ont vu les cils vibrer, non vers l'extérieur, mais vers le ganglion, c'est-à-dire vers la glande, et c'est à cause de ce fait, et à cause aussi de la proximité du ganglion, qu'ils ont considéré l'organe comme olfactif. Plusieurs ont même fait quelques expériences à ce sujet, et M. Fol, entre autres, a constaté que dès qu'une particule odorante arrive à l'entrée du pavillon des appendiculaires, ceux-ci s'enfuient au plus vite. Sur les Salpes dont les mouvements sont lents et qui sont moins maniables, il n'est pas

aussi facile de reconnaître, de cette manière, la fonction
olfactive, mais j'ai pu, du moins, m'assurer maintes fois en
répandant des particules colorées d'encre de Chine dans la
cavité branchiale des Salpes, et en particulier du *S. democratica*, que ces particules, arrivant au voisinage du pavillon,
sont rapidement attirées vers son orifice, et entraînées jusqu'au fond de sa concavité.

J'ai voulu examiner les faits sur l'un des animaux mêmes
qui ont servi aux recherches de M. Julin, la *Phallusia mamillata*, et j'ai pu, au voisinage des nombreux pavillons qu'il a
très exactement décrits, observer les mêmes faits d'une manière peut-être encore plus concluante.

Je déposais, au voisinage des pavillons, une goutte d'une
solution imparfaite de violet d'aniline à l'eau qui, colorée en
violet uni, contenait, en outre, de nombreux granules non
dissous. Devant l'embouchure de chaque pavillon, on obser-
vait un courant centripète des granules qui s'approchaient
rapidement de l'orifice, y demeuraient un instant en trépi-
dation, puis se trouvaient rejetés horizontalement, tandis
que d'autres prenaient leur place. En revanche, le courant
d'eau bleue qui les entraînait ne s'arrêtait pas ainsi à l'orifice,
mais, emportant avec lui les particules les plus ténues, il pas-
sait au travers des cils et pénétrait dans les canaux faisant
suite aux pavillons et en colorait la paroi interne. Cette coloration de la paroi interne était bien la meilleure preuve que
le courant, traversant les canaux, marchait de dehors en
dedans. Avec un peu d'attention, j'arrivai facilement à m'expliquer la marche, puis le recul des particules les plus volu-
mineuses. Le plus grand nombre des cils qui arment le
pavillon, ceux, en particulier, qui tapissent sa cavité vibrent
de manière à faire entrer le courant, mais, sur le bord même
de ce pavillon, une simple rangée de quelques cils disposés

horizontalement comme des rayons, forment grillage au-dessus de l'orifice, et, de temps en temps, par une brusque saccade, se débarrassent des particules qui les chargent et obstrueraient, si elles venaient à y pénétrer, la cavité des canaux.

Ce ne sont pas là des observations isolées, ce n'est que la confirmation de ce que tous les auteurs ont vu. Il est avéré que le courant est toujours centripète, et, pour cette seule raison, je ne puis, pas plus dans les autres Tuniciers que dans le Pyrosome, considérer comme un appareil excréteur, le sac cilié, l'organe olfactif.

Cependant, le sens du courant dans le canal, n'est pas la seule raison qui me fait repousser la théorie des deux auteurs belges. Pour justifier leurs vues, ils disent que « l'existence d'un organe vibratile chez d'autres Tuniciers et notamment chez les Ascidies composées et chez les Appendiculaires, rend très probable l'existence de la glande même chez tous les Tuniciers. » Mais c'est là une hypothèse toute gratuite et qui justement se trouve démentie par les faits. Nos figures montrent que dans le Pyrosome. la glande n'est, relativement au reste de l'organe, représentée que par un rudiment. Elle n'est pas moins réduite et est même nulle chez beaucoup d'Ascidies composées adultes, au dire de della Valle ; enfin, dans les Doliolum, il n'en existe aucune trace. pas plus que dans les Salpes, pas plus que dans les Appendiculaires ; on peut s'en rendre compte en consultant les figures démonstratives de Keferstein et Ehlers. de Salensky, et de M. Herman Fol. En ce qui concerne les Salpes spécialement. je n'ai rien vu qui ressemble à la glande. du moins à l'état adulte.

Il y a plus. les observations, même fort consciencieuses et fort exactes d'ailleurs de M. Julin, vont à l'encontre de la théorie qu'il soutient et dont il n'est d'ailleurs que le champion. De son propre aveu, dans la *Phallusia mamillata* qui constitue, à ce point de vue, une exception je crois unique parmi les Tuniciers, il y a, non plus un pavillon, mais deux cents, trois cents, cinq cents, suivant l'âge, et par conséquent autant de canaux qui y aboutissent. Or, pour fournir à un système évacuateur aussi développé, aussi riche, qu'y a-t-il ? une glande beaucoup moins volumineuse que celle de la plupart des Ascidies, une glande qu'on ne voit qu'au microscope, une glande rudimentaire.

Qu'est-ce donc qu'un appareil excréteur dans lequel le courant marche vers la glande, dans lequel la glande est d'autant plus rudimentaire, que le système des canaux et des orifices évacuateurs est plus riche, dans lequel enfin la glande peut ne pas exister du tout.

Cet appareil, à coup sûr, n'a pas la fonction qu'on lui prête, ce n'est pas un appareil excréteur.

Est-ce du moins l'homologue de l'hypophyse des vertébrés ?

Pour répondre à cette question, revenons spécialement au Pyrosome.

Sur quels fondements les deux savants belges établissent-ils cette hypothèse ?

Sur six arguments que voici :

1° L'hypophyse s'ouvre, chez l'embryon **vertébré**, dans le tube digestif ;

2° Toute glande hypophysaire se développe aux dépens d'une invagination de la cavité buccale :

3° La glande se constitue d'un canal excréteur et d'un ensemble de tubes glandulaires s'ouvrant dans ce canal ;

4° Le canal excréteur, très aplati, s'ouvre dans la cavité buccale, immédiatement au devant de la ligne limite entre celle-ci et le cul-de-sac antérieur du tube digestif, par une large ouverture en forme d'entonnoir.

Le canal lui-même se constitue de deux parties : une portion antérieure à forme cylindrique très aplatie ; une portion postérieure formée par un demi-canal ouvert en bas, ce qui résulte de ce que les tubes glandulaires de l'hypophyse s'ouvrent sur le plancher du canal excréteur ;

5° La glande proprement dite formée par des tubes contournés a une structure très analogue à celle de l'organe glandulaire des Ascidies ;

6° Le canal excréteur de l'hypophyse est immédiatement accolé à la face inférieure du cerveau intermédiaire sans interposition de tissu conjonctif.

Les arguments n°s 1, 4, 5 et 6, indiquent des ressemblances qui ne sont pas sans valeur. Mais l'argument n° 2 se retourne contre l'hypothèse qu'il doit démontrer. Puisque, en effet, la glande du Pyrosome et son canal se développent aux dépens de la vésicule primitive, elle a une origine complètement différente de l'hypophyse des vertébrés qui se produit par une invagination de la cavité buccale primitive. Dans le Pyrosome, dans le Doliolum, et probablement aussi dans les Ascidies, l'invagination de la cavité buccale qui va au-devant du sommet antérieur de la vésicule est très peu profonde et ne forme que le revêtement épithélial cilié de la partie antérieure du pavillon.

Par conséquent, l'un des arguments les plus importants invoqués à l'appui de la théorie hypophysaire se retournerait contre elle si l'origine épiblastique de la glande hypophysaire des vertébrés était incontestée. Or, on sait qu'il n'en est point ainsi.

L'origine neurale de toutes ces parties chez les Tuniciers est aujourd'hui bien établie. Lorsque le même résultat sera obtenu chez les vertébrés, on pourra établir les homologies. Pour nous, nous nous bornerons à insister sur ces deux faits remarquables que le système nerveux apparaît chez tous les Tuniciers sous la forme d'une vésicule creuse, et que cette vésicule se mettant, à un moment donné, en rapport avec la paroi endodermique de la cavité branchiale, une communication s'établit entre les deux cavités.

Arrivons au point de vue physiologique. J'avoue que je regarde comme la plus vraisemblable l'opinion des auteurs qui considèrent le sac cilié comme un organe d'olfaction. En dehors de la preuve directe fournie par M. H. Fol, chez les Appendiculaires, il est naturel de penser qu'un organe aussi intimement lié au système nerveux est un organe des sens, et, par voie d'exclusion, un organe d'olfaction.

On objectera qu'on n'a jamais vu de nerf se rendre au pavillon.

En effet, à l'exception de quelques auteurs tels que Ussow qui ont été réfutés, Leuckart pour les Salpes, Keferstein et Ehlers pour le Doliolum, M. de Lacaze-Duthiers, M. Julin pour les Ascidies ont toujours constaté que les nerfs qui se dirigent dans cette direction vont au-delà du pavillon, et j'ai pu moi-même vérifier l'exactitude du fait particulièrement en ce qui concerne le Doliolum et le Salpe démocratique. Mais, ce résultat négatif n'ébranle en rien l'opinion que je défends, car, ainsi que je l'ai montré dans le Pyrosome, il y a une région du sac cilié dans laquelle la paroi dorsale est réduite à deux tractus relégués sur les deux côtés, la surface inférieure du ganglion est donc en ce point en rapport direct avec la cavité du sac cilié. Supposons en ce point un simple tubercule olfactif, n'est-ce pas suffisant pour l'exercice du sens? Que l'on cherche ce tubercule sur des espèces de plus grandes formes que le Pyrosome et par conséquent plus favorables, qu'on le cherche au niveau de la glande, peut-être le trouvera-t-on?

GANGLION ET NERFS. — Nous avons plus haut décrit le ganglion avec assez de détail pour ne plus revenir sur sa forme. il ne nous reste plus à ajouter que quelques mots sur son histologie et sur les nerfs qui en émanent.

Les sections transversales représentées, nous montrent le ganglion formé de deux couches bien distinctes, l'une extérieure composée de petites cellules rondes pressées les unes contre les autres, l'autre centrale consistant en une substance finement granuleuse et en apparence amorphe. Je n'ai pas pu distinguer de cellules polaires. Lorsque la coupe passe par les racines opposées d'une paire de nerfs, on peut suivre le trajet des fibres nerveuses qui traversent de part en part la masse centrale et semblent passer au travers du ganglion sans s'y arrêter.

Distribution des nerfs (fig. 3, pl. IV) [1]. —'Les nerfs qui émanent du ganglion peuvent se répartir en trois groupes : les nerfs supérieurs ou antérieurs, les nerfs latéraux et les nerfs inférieurs ou postérieurs.

Les nerfs antérieurs (*a*) sont au nombre de quatre de chaque côté. Tous naissent et se distribuent dans la région située au-dessus de l'anneau péripharyngien.

Le premier, le plus grêle et le plus rapproché de la ligne médiane, se rend directement et sans se diviser à l'orifice inspirateur.

Le second, plus important, est formé d'une branche principale qui se rend aussi directement à l'orifice inspirateur du

---

[1] [Cette figure ne doit pas être celle que l'auteur avait l'intention de publier sous ce numéro. Pour les groupes de nerfs latéraux et postérieurs, elle correspond exactement à la description, mais il n'en est pas de même pour les nerfs antérieurs. L'auteur aurait sans doute complété cette figure au moyen de quelque croquis qui n'a pu être retrouvé. Mais le texte est si clair qu'une figure est à peine utile.]

côté correspondant à l'endostyle, cette branche principale émet chemin faisant deux rameaux secondaires qui se rendent eux aussi à l'orifice festonné et se placent entre la branche principale dont ils sont issus et le nerf de la première paire.

L'orifice inspirateur se trouve donc animé de chaque côté par quatre nerfs dont un appartient à la première paire et les trois autres à la seconde.

Le nerf de la troisième paire qui, à sa naissance, est aussi volumineux que le précédent, se divise bientôt en trois branches à peu près d'égale grosseur, les deux plus internes vont s'anastomoser successivement avec la branche principale du nerf précédent et servent par conséquent aussi à l'innervation de l'orifice inspirateur; quant à la troisième, qui est seulement un peu plus volumineuse que les deux autres, elle se dirige directement vers le côté de l'endostyle, puis se divise en deux fines branches, l'une qui remonte vers l'orifice inspirateur que toutefois elle n'atteint pas, l'autre récurrente qui descend vers le bout supérieur de l'endostyle.

Le nerf de la quatrième et dernière paire est aussi grêle que celui de la première paire, il rampe le long de l'anneau péripharyngien (ph) et paraît se perdre aux abords de l'amas des corpuscules lumineux.

Des deux nerfs latéraux ou du second groupe, le premier (l_1), le plus rapproché de l'anneau péripharyngien, situé au-dessus, est de beaucoup le plus important; cheminant sous l'ectoderme, il croise la branchie en diagonale et se divise en deux branches qui gagnent le fond de la branchie.

Le second (l_2), beaucoup plus grêle, se dirige aussi sur les côtés de la branchie, mais ne s'étend pas loin.

Restent les deux nerfs postérieurs, le premier (p_1), par sa racine est un nerf latéral, car il naît tout à côté des deux précédents, seulement il se dirige directement en arrière et s'enfonce de telle sorte au milieu des glandes dorsales qu'il est très difficile de l'y suivre ; toutefois, on peut reconnaître qu'il ne fait que les traverser.

Les deux derniers nerfs (p_2) sont tout à fait à part et méritent une attention particulière tant à cause de leur origine que de leur distribution et de leur rôle spécial. Ils sont volumineux, naissent du ganglion par deux prolongements coniques remplis de cellules qu'on pourrait appeler les cuisses du ganglion, puis se dirigent directement en arrière à peu de distance l'un de l'autre et de la ligne médiane.

Comme les précédents, ils traversent les glandes dorsales, mais ils ne s'y arrêtent pas et se divisent chacun en deux branches d'égal volume.

Les deux branches internes, continuant leur chemin le long de la ligne médiane dorsale, aboutissent vers le niveau de l'œsophage à ce prolongement tubuleux qui se détache de chaque individu dans la région antérieure de la colonie pour gagner le diaphragme commun, prolongement qui est double dans les quatre premiers ascidiozoïdes formés dans l'œuf, et simple dans tous les autres, chez lesquels alors il reçoit à la fois les deux nerfs.

Les deux branches externes s'infléchissent rapidement pour gagner les côtés de l'œsophage dans les jeunes individus ; plus tard, ils se rapprochent davantage de la ligne médiane.

Ils vont, en effet, animer l'extrémité des muscles latéraux de ceux qui, s'anastomosant avec les muscles du tissu commun, constituent le système musculaire colonial.

Ainsi, des deux branches qui résultent de la division de chacun des nerfs postérieurs, l'une va animer ce bizarre organe de sensation ou de mouvement qui se termine en massue dans le diaphragme commun, l'autre est en relation

avec le système musculaire colonial. Les nerfs postérieurs
sont donc parfaitement caractérisés comme nerfs de la vie
sociale.

Le mode de formation des nerfs postérieurs dans le bourgeon est non moins remarquable que leur rôle.

Tandis, en effet, que tous les autres nerfs apparaissent tar-
divement comme des filaments déliés, ceux-ci se montrent
dès le plus jeune âge, à une époque où le ganglion ne s'étant
pas encore différencié, le système nerveux n'est encore que
la vésicule neurale.

On voit cette vésicule émettre en arrière deux prolongements tubuleux dont la cavité communique avec la sienne.
Ces deux gros tubes émettent à leur tour chacun un rameau
externe et ce rameau externe s'étend sur les flancs du bourgeon au niveau du bord supérieur de l'estomac rampant
entre l'épiderme et le feuillet pariétal des chambres péribranchiales. Il se renfle alors en massue allongée. La figure
précitée montre que cette massue prend la forme d'une
gouttière, et la massue elle-même est destinée à former le
faisceau des muscles latéraux de l'atrium. C'est un curieux
exemple que ce nerf prolongement de la cavité neurale primitive, qui se résout finalement en un faisceau de muscles
tout en conservant sur la première partie de son trajet son
caractère de nerf.

J'avais signalé l'an dernier[1] l'existence d'un nerf postérieur impair situé sur la ligne médiane et, par conséquent,
entre les deux nerfs précédents. Son existence est constante
(fig. 3, pl. IV) ; mais, bien que sous un fort grossissement il
présente absolument le même aspect que les nerfs voisins, je
conserve des doutes sur sa nature nerveuse, car je ne lui

---

[1] *Comptes rendus de l'Académie des sciences.*

vois pas de relations bien définies avec le ganglion. Peut-
être n'est-ce qu'une fibre musculaire qui reste isolée sur un
long parcours, sa nature demeure pour moi problématique. Il
passe sous la base de toutes les languettes dorsales et se
termine en arrière par un faisceau de fibres musculaires ren-
fermé dans le péritoine et bordant en dessous le tube digestif. Son trajet est fort long et il semble lorsqu'on le regarde
de face relié au ganglion, sinon directement au moins par une
légère traînée de cellules ; mais, outre que ces relations sont
fort difficiles à observer, le raisonnement indique qu'elles
ne peuvent pas mettre le nerf en communication avec le
ganglion, car il leur faudrait pour cela traverser le canal
sanguin qui se trouve à cette place même dans le bourgeon.

Terminaisons nerveuses. — Sur l'adulte, il est possible
d'observer plusieurs terminaisons des nerfs de la région
osculaire, on voit plusieurs de ces nerfs se terminer soit au
milieu du tégument par une cellule arrondie à noyau bien
marqué, soit par une sorte de plaque motrice, sur des fibres
musculaires, en particulier sur celles qui constituent le
sphincter sous-osculaire. Ces terminaisons ressemblent beaucoup à celles que Keferstein et Ehlers ont décrites dans le
Doliolum et dans les Firoles.

Il faut encore noter, pendant que nous en sommes au
système nerveux, les variations singulières qui s'observent
d'individu à individu dans la distribution des nerfs, en particulier des nerfs de la région supérieure. La description que
nous avons faite de cette distribution correspond exactement
à l'une de nos préparations, et représente le type général,
mais il est difficile de trouver deux individus dont les quatre
nerfs supérieurs soient identiques tant au point de vue des
proportions relatives qu'à celui de la subdivision.

Souvent même, il n'y a pas parité entre le côté droit et le côté gauche d'un même sujet, bien qu'il n'y ait entre ces deux côtés aucune différence constante.

Sur l'accroissement de la colonie. — A propos du *Pyrosoma elegans*, Savigny fait la remarque suivante :

« M. Lesueur a observé que le verticille qui termine le tube à son extrémité la moins large est formé par quatre tubercules, c'est-à-dire par quatre animaux.

Il pense que cette disposition est particulière à l'espèce en question ; mais, avec un peu d'attention, le même arrangement est reconnaissable dans les autres espèces où ces quatre animaux semblent être les représentants des quatre embryons qui se développent dans l'œuf avant son expulsion. »

En ce qui concerne le *Pyrosoma elegans*, chez qui, au dire de Keferstein et Ehlers, l'endostyle se trouve du côté de l'orifice du cloaque commun, je ne saurais dire si les quatre animaux qui occupent l'extrémité fermée sont, en effet, les mêmes qui ont pris naissance dans l'œuf, mais chez le *Pyrosoma giganteum* les choses se passent différemment.

Dans cette espèce, en effet, comme dans le *P. atlanticum*, l'endostyle et, par conséquent, le point germinatif sont tournés du côté de l'extrémité close. Il s'ensuit qu'un animal placé à un moment donné dans le voisinage immédiat de cette extrémité s'en trouve forcément séparé quelque temps après par les trois ou quatre bourgeons qu'il a produits directement et plus tard encore non seulement par ceux-ci, mais par leurs dérivés.

Quand on examine les extrémités closes de plusieurs colonies bien adultes ayant quelques centimètres de long, on voit que ces extrémités sont bien formées par un verticille de quatre individus, mais que ces individus sont tantôt très jeunes et encore pourvus d'un éléoblaste, tantôt adultes et commençant à bourgeonner, en un mot que le verticille terminal dans une colonie ne ressemble pas à celui d'une autre de même âge, ce qui n'aurait pas lieu si ce verticille était le verticille primitif.

Enfin, il n'est pas rare, et l'exemple est alors tout à fait démonstratif, de trouver l'extrémité close occupée non pas par quatre individus jeunes ou adultes, mais par quatre bourgeons prêts à se détacher, mais dépendant encore chacun d'une série de bourgeons produit d'un adulte autrefois terminal et maintenant repoussé à une certaine distance.

On voit, d'après ces faits, que si l'on veut retrouver les quatre individus primitifs, ce n'est pas à l'extrémité close qu'il faut les chercher, mais à l'extrémité ouverte. Ils sont, en effet, sans cesse repoussés loin de la première par toute leur progéniture directe et indirecte.

Morphologie du cloaque chez les Tuniciers flottants. — Cloaque. — Espaces péribranchiaux et postbranchiaux. — Latéral atria. — Médial atria. — Périthoracalrohreu.

Le type qui se rapproche le plus de ce qu'on trouve dans les Ascidies est celui réalisé dans le Pyrosome.

Deux cavités primitives se produisent sur les côtés du sac branchial. Je laisse pour le moment de côté la question de savoir si elles dérivent des feuillets interne, externe ou moyen. Elles s'étendent sur ce sac qu'elles débordent même en arrière, de manière à recouvrir l'intestin et à atteindre finalement l'endroit où se formera l'orifice expirateur. Dans cet état, elles représentent, pour la forme, deux sacs clos de toutes parts ou, si l'on veut, deux séreuses, dont les feuillets externes tapissent la paroi de l'ectoderme sans toutefois y adhérer et sans atteindre les lignes médianes dorsale et ventrale, et dont les feuillets internes ou médians recouvrent tout le sac branchial à partir de l'anneau péripharyngien, puis l'intestin qui se trouve compris entre eux, puis enfin, au delà, s'appliquent l'un contre l'autre et forment comme une espèce de médiastin jusqu'au futur orifice cloacal.

L'état adulte est réalisé par les modifications suivantes :

L'anus perce le feuillet viscéral et s'ouvre dans la cavité du sac gauche. Presque en même temps l'orifice expirateur se perce et le médiastin se retire et disparaît jusqu'au niveau de l'anus.

Il en résulte que les deux sacs péribranchiaux, jusque là indépendants, communiquent maintenant largement en arrière, si largement même qu'on est en droit de donner un nom spécial, celui de *cloaque* ou *mid-atrium*, à l'espace impair et postérieur qui résulte de leur fusion et où s'ouvre maintenant l'anus aussi bien que les orifices de la génération. Pendant que ces communications s'établissent avec l'extérieur par l'orifice expirateur, il s'en produit d'une autre sorte et de moins directes par l'orifice inspirateur, par suite de la formation des fentes branchiales qui perforent à la fois le sac branchial et le feuillet viscéral des espaces péribranchiaux sur toute leur surface de contact avec le sac branchial.

Il existe donc dans le Pyrosome de chaque côté du sac branchial, entre celui-ci et l'épiderme, un sac péribranchial qui reçoit l'eau qui passe par les fentes branchiales et la porte à l'extérieur à travers le cloaque médian, emportant avec elle les zoospermes et les matières fécales.

Quelle que soit l'origine des sacs péribranchiaux que nous venons de décrire, comment y veut-on voir une cavité du

corps, un cœlome, un entérocœle, alors qu'ils ne contiennent
que de l'eau, et de l'eau courante qui les traverse incessam-
ment, entraînant avec elle au dehors les produits à rejeter.
Si l'on veut appeler cela un entérocœle, il faut retirer ce nom
au cœlome de l'holothurie, par exemple, qui contient, comme
tous les cœlomes des globules sanguins, un fluide cavitaire,
c'est-à-dire un milieu vital et qui ne communique avec l'extérieur que par des organes segmentaires.

Le système des espaces péribranchiaux, dans le Pyrosome
comme dans tous les Tuniciers où nous allons l'étudier, n'a
d'autre but que de permettre à l'eau qui entre dans la cavité
branchiale d'en sortir sans traverser l'intestin.

Le sac endodermique ou branchio-intestinal a, en effet,
trois sortes d'orifices : l'orifice buccal, l'orifice anal et l'ensemble des fentes branchiales.

Autour du premier orifice, l'endoderme est toujours en
contact avec l'ectoderme.

Autour de l'orifice anal, c'est, au contraire, une exception
limitée aux appendiculaires et à la forme des Doliolum.

Enfin, entre les fentes branchiales et l'ectoderme, il n'y a
jamais de communication directe, elle se fait toujours par
l'intermédiaire d'un cloaque, quelque réduit qu'il puisse être.

Puisque les espaces péribranchiaux n'ont leur raison d'être
que par les fentes branchiales, nous devons nous attendre à
trouver le cloaque fort réduit dans les Salpes.

C'est ce qui a lieu en effet. Les espaces péribranchiaux
n'existent plus ou plutôt sont limités à la portion dorsale et
postérieure du sac branchial. Ils s'étendent entre le ganglion
et la masse intestinale, au-dessus de la branchie et, en se
confondant par la suite, ils correspondent à peu près exactement au cloaque proprement dit ou mid-atrium du Pyrosome.

Ils communiquent, avec l'extérieur, par l'orifice cloacal, et, avec la cavité du sac branchial, par deux larges fentes situées des deux côtés de la lame branchiale.

La lame branchiale n'est donc pas, comme on le dit souvent, suspendue en travers du sac branchial ; elle en occupe le fond opposé à l'endostyle et correspond parfaitement, par sa position, à la lame dorsale des Ascidies. Tout ce qui est au-dessus d'elle n'est pas le sac branchial, mais le cloaque, et l'anus s'y ouvre comme le spermiducte. L'œuf et l'embryon sont, par conséquent, suspendus, non pas aux parois du sac branchial, mais aux parois du cloaque, comme dans le Pyrosome.

Que peut-on trouver de commun entre un cloaque ainsi fait et un cœlome ?

Passons au Doliolum ; là, les choses sont encore plus simples, surtout dans la forme dont la branchie est tendue en travers comme un tamis. Les espaces évacuateurs tapissent encore ici la face postérieure de la branchie, ils revètent l'intestin lui formant, tout comme dans le Pyrosome, un péritoine, dernier reste du médiastin primitif. Enfin, ce sont eux qui viennent en contact avec l'ectoderme pour former l'orifice évacuateur.

En somme, pas trace de prolongements péribranchiaux, mais un immense mod-atrium primitivement double, un espace post-branchial presque aussi grand que le sac branchial lui-même. Appellera-t-on cela encore un cœlome ?

LA BLASTOGÉNÈSE ET LA GÉNÉRATION ALTERNANTE

CHEZ LES SALPES ET LES PYROSOMES

Dès 1868, Kowalewsky, dans une courte note, traçait, avec une précision remarquable, les grands traits du développement blastogénétique des Salpes.

Pour lui, le stolon se compose, comme chez le Pyrosome, de deux tubes emboîtés, prolongements, l'un de l'ectoderme, l'autre de l'endoderme des parents ; dans l'espace libre, compris entre eux, courent quatre cordons, deux latéraux pairs, dérivés du cloaque, deux impairs et médians, l'un inférieur, l'autre supérieur, dérivés de deux amas de cellules mésodermiques.

D'après le même auteur, la peau, le tube branchio-intestinal, le cloaque de chacun des Salpes agrégés, dérivent des parties correspondantes du stolon et, par conséquent, du parent ; le système nerveux et les organes génitaux résultent du développement de deux groupes de cellules mésodermiques. Depuis que cet exposé si précis a été publié, trois mémoires principaux ont paru sur le même sujet et il semble que leurs auteurs aient pris à tâche d'obscurcir les faits et d'accumuler les théories inexactes. D'après Salensky, en effet, le tube interne ou endodermique n'a qu'un rôle transitoire et ne contribue pas à former l'intestin ; celui-ci se développerait aux dépens du cordon génital de Kowalewsky, qui devient, pour Salensky, le cordon endodermique. D'autre part, le tube latéral ou cloacal, dérivé, d'après le même auteur, du péricarde, disparaîtrait aussi sans donner naissance au cloaque du bourgeon.

Brooks rend bien au cordon génital et au tube endodermique leur véritable rôle, mais, pour lui, ce dernier tube procède du péricarde ; de plus, il ne veut pas reconnaître, chez les Salpes, une véritable génération alternante, s'appuyant sur ce fait que des œufs, avec vésicule et tache germinatives, sont visibles dans le cordon génital du stolon avant que les différents individus de la chaîne ne soient distincts ; il regarde la forme dite *agame*, comme une femelle produisant par bourgeonnement, non plus des individus hermaphrodites, mais des mâles incubateurs dans chacun desquels elle dépose un œuf.

Todaro méconnaît le fait de la distinction originelle des quatre cordons mésodermiques dans le jeune stolon ; il décrit une couche moyenne homogène qui résulterait du développement d'un germoblaste et servirait à former exclusivement le corps du bourgeon, au développement duquel les tubes endodermique et ectodermique ne prendraient aucune part ; comme le germoblaste est pour lui l'équivalent de l'œuf lui-même, les individus agrégés qui en dérivent seraient non plus les fils, mais les frères puînés de l'individu solitaire, et il n'y aurait, chez les Salpes, ni génération alternante ni bourgeonnement véritable.

Les observations que j'ai faites cet hiver (1884), bien qu'encore incomplètes, me permettent de compléter et de confirmer, presque de tout point, les énoncés de Kowalewsky ; elles m'obligent aussi à défendre l'ancienne théorie du bourgeonnement et de la génération alternante.

Sur un très jeune embryon solitaire, de *Salpa democratica mucronata*, si l'on examine le point germinatif, c'est à

dire le point où se développera le stolon, on y voit un épaississement de l'ectoderme contre lequel vient butter intérieurement un diverticulum de l'endoderme du parent ; en avant,
du côté du placenta, se trouve un petit amas transparent de
cellules mésodermiques, origine du cordon neural ; en arrière,
du côté de l'éléoblaste, un autre plus volumineux, origine du
cordon génital ; enfin, de chaque côté, un épaississement qui
se rattache directement par un long pédoncule aux plaques
latérales qui doivent former les muscles de l'embryon solitaire : ce sont les rudiments des cordons latéraux. Leur connexion avec les plaques musculaires est, à l'origine, très nette ;
plus tard, les attaches se rompent, reviennent sur elles-
mêmes, et il n'est plus possible d'en rien distinguer.

C'est en ce point seulement que mes observations ne s'accordent pas avec celles de Kowalewsky, qui fait dériver les
cordons latéraux du cloaque du parent ; les cordons latéraux,
au moins dans le *Salpa democratica mucronata*, ne dérivent
ni du cloaque ni du péricarde, mais, manifestement, des
plaques musculaires.

Sur la section d'un jeune Stolon, les cordons latéraux se
montrent comme deux amas homogènes ; mais, un peu plus
tard, chacun d'eux se dédouble en un cordon creux ou cloacal
et un amas de cellules mésodermiques. Ces cellules mésodermiques se multiplient beaucoup et forment les plaques
latérales ou musculaires des .bourgeons. De même, chaque
segment du tube cloacal donne naissance directement au
cloaque de chaque bourgeon.

Quant au tube central endodermique, Brooks a raison
contre Salensky quand il décrit les poches qu'il émet de
chaque côté et qui servent d'origine au tube branchio-intestinal des bourgeons. Ces poches, enveloppées et souvent
masquées par les plaques musculaires, n'en sont pas moins

reconnaissables sur des sections convenablement pratiquées.

Il est donc vrai que, chez les Salpes, comme chez les Pyrosomes, l'endoderme, l'ectoderme et le mésoderme du bourgeon dérivent des feuillets correspondants du parent et servent à former les mêmes organes.

Passons maintenant à l'examen des deux théories émises par Brooks et par Todaro.

J'aurai deux objections importantes à élever contre la première.

En premier lieu, le cordon génital ne sert pas d'origine seulement aux œufs ou éléments femelles qui se voient dans le Salpe agrégé, mais encore aux zoospermes ; si donc, on voit, dans ce cordon, une glande sexuelle, ce ne sera du moins pas une glande femelle, c'est-à-dire un ovaire, mais une glande hermaphrodite. Il s'ensuit que le Salpe agame ne sera pas une forme femelle mais une forme hermaphrodite.

En second lieu, Brooks a tort de croire que les œufs, avec leur vésicule et leur tache germinatives, qu'on observe dans le cordon génital et même dans le jeune bourgeon déjà ébauché, sont de véritables œufs, des œufs définitifs. Ces prétendus œufs sont de ces corps que les Allemands appellent *Ureier*, qu'il serait temps de désigner par un mot spécial et pour lesquels je propose celui de *Proovum*. J'ai pu m'assurer que dans chaque bourgeon de Salpe ou de Pyrosome existe, à l'origine, un seul de ces Proovums. On comprend qu'il puisse être pris pour un œuf définitif, tant ses dimensions sont grandes et ses caractères marqués. Cependant, alors que tous les organes du jeune individu sont déjà largement ébauchés, on voit ce corps, antérieurement à toute fécondation, se diviser plusieurs fois.

Un seul des segments est appelé à devenir l'œuf définitif, l'œuf destiné à être fécondé ; quant aux autres, ils constituent un amas de cellules, déjà observé dans les Salpes par Leuckart qui n'en avait pas connu l'origine, et destiné à former les parois propres de l'oviducte et du follicule. Le Proovum est donc un élément bien différencié d'avec les cellules environnantes présentant, dans ses dimensions et sa constitution, tous les caractères d'un ovule, mais qui, antérieurement à la fécondation, se divise une ou plusieurs fois pour donner naissance, soit à d'autres éléments sexuels, soit à des parties accessoires. Dans le cas qui nous occupe, il n'y a plus lieu de s'étonner, comme on l'a fait souvent au sujet des Salpes et des Pyrosomes, de voir l'œuf précéder en développement l'individu qui doit le porter.

Je terminerai cet exposé en rendant hommage, contre Todaro et contre Brooks, à Chamisso et à la théorie des générations alternantes qui, à mon avis, et en ce qui concerne les Salpes et les Pyrosomes, continue à rendre compte des faits.

Le bourgeonnement des Salpes est un véritable bourgeonnement, mais rendu particulièrement complexe par ce fait que des organes déjà différenciés y prennent part chacun pour son compte.

La forme solitaire, considérée jusqu'ici comme agame, n'est point une femelle ; elle ne contient pas un ovaire, elle ne contient pas non plus une glande hermaphrodite, mais l'ébauche des rudiments d'une telle glande ; elle mérite donc bien la dénomination de forme agame, si l'on précise de la manière suivante le sens qu'on doit attacher à ce mot.

Dans la génération alternante, procédant par blastogénèse, la forme agame est celle qui, produite par voie sexuée et possédant un tissu sexuel, soit non encore différencié et simplement en puissance, soit déjà différencié et reconnaissable, mais étant incapable de le conduire au terme de son évolution, le confie, pour cet objet, à une ou plusieurs formes successives qu'elle produit par blastogénèse et dont la dernière au moins est sexuée.

Cette formule aura l'avantage de s'appliquer aux Salpes, aux Pyrosomes, chez lesquels le troisième bourgeon seulement est capable de se reproduire aux Doliolum, aux Ascidies composées qui peuvent présenter des processus encore plus complexes ; enfin, à plusieurs hydraires chez lesquels on a récemment cherché à nier l'existence de la génération alternante.

BRYOZOAIRES NOUVEAUX DE ROSCOFF

ET

BRYOZOAIRES DE MENTON

Membranipora spinosa, nob., pl. V, fig. 1.

Cette espèce ressemble à la *Membranipora pilosa* dont elle doit cependant être distinguée, à cause de la forme de ses loges et de la longueur des épines qui garnissent l'ouverture.

Le corps de la loge, aréolé comme celui de la *M. pilosa*, est notablement plus long, plus volumineux, mieux dégagé des Zoécies voisines.

La région membraneuse est moins grande que dans cette espèce. Elle n'atteint jamais un diamètre antéro-postérieur double de celui du corps de la Zoécie, tandis que dans la *M. pilosa*, ce rapport est toujours dépassé.

Il est de 2,24 environ dans la *M. pilosa*, et seulement de 1,34 dans la *M. spinosa*.

L'ouverture est d'ailleurs plus arrondie.

Sur les côtes de la lèvre se trouvent, comme dans la *M. pilosa*, deux saillies obtuses.

Les bords du cadre oral, au lieu d'être armés seulement d'une forte pointe médiane inférieure accompagnée de quatre, trois ou deux courtes dents latérales, est garni de six à dix grandes épines qui convergent vers le centre de l'espace membraneux où leurs extrémités arrivent presque à se rencontrer.

Sur le *Rhodhymenia palmata*, dans le chenal de l'Ile-de-Batz, et sur le *baudrier de Neptune*.

Sur les coquilles, dans les dragages.

Lepralia Martyi, nob.

Flustra impressa, Audouin, *Expl.* 1.240. — Savigny, *Egypt.*, pl. X, fig. 7.
Lepralia granifera, Busk, *Catalog.*, p. 83, pl. XCV, fig. 6 et 7, non
pl. LXXVII, fig. 2. — *Lepralia granifera*, Barrois, *Embryolog. des
Bryozoaires*, p. 171, pl. XVI, fig. 2.

L'espèce que j'ai désignée sous ce nom, dans mon premier
travail sur les Bryozoaires des côtes de France (1), est incon-
testablement celle-là même que M. Barrois a trouvée, lui
aussi, à Roscoff, qu'il décrit et figure dans son mémoire sur
l'embryologie des Bryozoaires (p. 171, pl. XVI, fig. 2) et
qu'il assimile à la *Lepralia granifera* de Busk.

Cette assimilation est-elle fondée? Busk donne de sa *Lepralia granifera* deux figures.

L'une, pl. LXXVII, fig. 2, représente des loges couvertes
de granulations fortement ridées transversalement, portant
une bosse prononcée très près de la lèvre inférieure, et qui
ne ressemblent en rien à mes échantillons.

Ceux-ci ne présentent que trois ou quatre granulations
claires sur les bords, et une verrue, peu marquée, à une distance notable de la lèvre inférieure, dont elle est d'ailleurs
séparée par une perforation qui n'existe pas dans la figure
que je viens de citer.

La deuxième figure de Busk, pl. XCV, fig. 7, se rapproche
davantage de mes échantillons, dont elle diffère cependant
par plusieurs caractères.

Ceux-ci, en effet, ne portent jamais plus de trois ou quatre
granulations latérales, mais surtout ils présentent de grandes
aréoles marginales que M. Barrois a également remarquées
et qui sont si évidentes et si caractéristiques de cette espèce
qu'il me semble difficile que l'auteur anglais les ait mécon-
nues, ou ait négligé de les représenter quand il a figuré

1 *Archives de zoologie expérimentale*, t. VI, p. 99.

celles de la **L.** *hyalina* qui ne sont pas plus frappantes. Busk. CI, 1 et 2.

Mes spécimens ne se rapportent donc d'une manière précise à aucune des deux figures de Busk, ils diffèrent encore davantage des figures et de la description de Johnston dont Busk identifie pourtant l'espèce à la sienne.

Pour cet auteur, les parois de la *Lepralia granifera* sont criblées de nombreuses perforations, marquées de deux ou trois sillons transversaux irréguliers et relevées d'une saillie derrière la bouche. (Pl. LIV, fig. 7.)

Les aréoles latérales ne sont pas mentionnées. La figure et la description de Johnston peuvent s'appliquer à la première figure de Busk, mais non à la seconde, non plus qu'à notre espèce.

Enfin, M. Perrier m'ayant mis à même de comparer mes échantillons aux spécimens de *Lepralia granifera* du Muséum, j'ai pu m'assurer que ces spécimens se rapportaient à la figure de Johnston et à la première de Busk, mais différaient absolument de mes préparations.

De ces diverses comparaisons, je me crois autorisé à conclure :

1° Qu'il existe un type bien déterminé de *Lepralia granifera* représenté par les figures de Johnston (***British Zooph.***, pl. LIV, fig. 7), de Busk (***Polyzoa of Brit. Mus.***, pl. LXXVII, fig. 2) et par les échantillons du Muséum ;

2° Un type représenté par Barrois (*Mém. sur l'embryologie des Bryoz.*, p. 171, pl. XVI, fig. 2) et peut-être par Busk (pl. XCV, fig. 7). C'est très certainement le même que Savigny a représenté (*Egypt.*, pl. X, fig. 7) et que Audoin a nommé *Flustra impressa.* Ce type différant du précédent, je le désigne sous le nom de *Lepralia Martyi* par la caractéristique suivante :

Loges ovales-coniques, transparentes, marquées sur chaque côté de trois à cinq pores. Orifice assez petit avec une lèvre supérieure arrondie et une lèvre inférieure droite.

A une certaine distance au-dessous, une faible saillie un peu obscure et immédiatement au-dessus d'elle un pore.

Sur les bords de la loge, de larges aréoles quadrangulaires marquées d'une perforation.

Ovicelle globuleux marqué de pores.

Lepralia Duthiersii, pl. V, fig. 3.

Loges oblongues, transparentes, plus grandes que celles de la *L. hyalina*, avec laquelle l'espèce se trouve souvent.

Lèvre supérieure arrondie et saillante, lèvre inférieure droite. Un peu au-dessous une perforation un peu déchiquetée sur une légère éminence.

Contour de la loge fortement sinueux.

Surface de la loge couverte de ponctuations aréolées (environ 25 par loge) formées par une ligne fine arrondie en dedans de laquelle se trouve plus fortement accusée une seconde ligne circulaire prolongée vers le haut en une sorte de queue ou fissure linéaire.

Sur les échantillons frais, en dedans de ce cercle intérieur font saillie de petites dentelures.

Sur les moules au Bissc au Beclen.

Valkeria nutans, nov. spec., pl. V, fig. 4.

J'avais mentionné cette espèce dans mon énumération des bryozoaires de Roscoff en 1877, sous le nom de *Lagenella nutans*.

Je crois devoir la placer dans le genre Valkeria pour des raisons que j'exposerai plus tard.

Elle ressemble beaucoup pour le port à la *Valeria cus-*

cuta aussi bien que pour la tige, mais elle présente plusieurs particularités très caractéristiques.

1° Les loges au lieu d'être sessiles sont portées sur un pédoncule plus ou moins long.

2° Elles sont de forme plus allongée et leur base est franchement tétragone au lieu d'être arrondie.

3° S'insérant, d'une part, sur le bord du diaphragme qui sépare la loge du pédoncule, d'autre part sur un point opposé de la paroi de la loge se trouve un double petit faisceau musculaire qui, en se contractant, fait osciller la loge sur sa base d'une manière très frappante et assez fréquemment. C'est le fait du balancement de la loge qui m'a fait donner son nom à l'espèce.

Le pédoncule est un petit cylindre, un article de tige en un mot, dont la longueur variable est cependant généralement assez courte. J'ai, toutefois, eu en main un spécimen qui se rapportait à l'espèce par tous ses caractères et dont le pédoncule atteignait presque les deux tiers de la longueur de la loge.

Sur les algues provenant des dragages au nord de l'île de Batz et à Astan.

Il règne une grande confusion parmi les genres des vésiculaires. Je réunis en ce moment sur ce sujet les éléments d'un travail qui, pour être complet, doit embrasser le plus grand nombre possible de genres et d'espèces.

Dès à présent cependant, prenant pour type du genre *Valkeria* la *Valkeria cuscuta*, je définirai ce genre comme suit :

Quatre muscles pariéto-vaginaux.

Pas de gésier.

Endosarque dans la tige non réuni en un cordon central, mais formant un tissu lâche sous l'endocyste.

Dans les entre-nœuds des paquets de tissus fibreux disposés transversalement.

BRYOZOAIRES DE MENTON.

Catalogue des espèces recueillies.

1. Lepralia pallasiana, Waters.
3. Lepralia ciliata * sur les Zostères [1].
5. Lepralia pertusa (variété avec l'échancrure inférieure très marquée).
8. Lepralia Malusii *.
11. Lepralia Brongnarti *.
12. Membranipora Gregardi *.
14. Cellepora retusa *.
20. Membranipora coliata *.
21. Valkeria tuberosa, Heller, pl. VI, fig. 3.
22. Mimosella gracilis, Heller, pl. VI, fig. 1.
23. Serialaria lendigera, Heller.
24. Phirusa tubulosa, Heller.
25. Flustra truncata, Waters.
26. Salicornaria farciminoïdes.
27. Tubicellaria cercoïdes, Heller *.
28. Caberea Borgi (var. α petite).
29. Encratea Cordieri.
30. Retepora cellulosa *.
31. Scrupocellaria scrupea, Hincks, pl. VII, fig. 11-14.
32. Notamia bursaria *.
33. Diachoris magellanica, Waters, p. 120, pl. XII, fig. 1.
34. Anguinaria spatula * (et var. Ventricosa).
37. Crisia densa (spec. nov.) [2].
38. Crisia fistulosa, Heller, p. 118, pl. III, fig. 5 ; Watters, p. 268, pl. XXIII, fig. 3 [3].
39. Crisia eburnea [4].
41. Crisia angustata. Crisia elongata, var. Augustata, Waters, p. 269, pl. XXIII, fig. 4.
45. Crisia elongata, Waters, p. 269, pl. XXIII, fig. 1 [5].
46. Zoobotryon pellucidus, Ehrenberg.
47. Bugula neritina *.
48. Bugula avicularia *.
50. Alysidium Lafontii, Heller, p 84.
51. Valkeria Vidovici, Heller, p. 128, pl. V, fig. 3-4.
52. Scrupocellaria scruposa, Hincks, pl. VII, fig. 8-10.

---

[1] (Sont marquées d'un astérisque les espèces dont je trouve l'indication dans les notes et non dans la liste qui paraissait destinée à la publication.)

[2] Cette forme ressemble à certains égards à la *Crisia denticulata* ; comme elle, elle est épaisse, et le niveau d'origine de chaque paire de loges est dépassé par l'extrémité de l'anté-précédente.

[3] Se trouve aussi à Alger.

[4] Il y a quelques différences entre l'espèce de Roscoff et la forme de Menton. Cette dernière a, en général, les extrémités des loges plus recourbées et plus détachées.

[5] La figure de Heller est si mauvaise que je ne saurais affirmer si sa *Crisia attenuata* est, comme le pense Waters, identique à celle-ci.

53. Caberea Borgi (var. B. grande).

65. Plustra papyrea, Waters.

68. Beania mirabilis.

Mimosella gracilis (pl. V, fig. 5 et 6) sur les zostères et dans les dragages par
   30 et 40 mètres de fond aux roches de Salins et à la pointe du cap Martin
   attachée aux Eschares et aux Cellépores ?

   En outre :

12 espèces indéterminées de		Lepralia.
1	—	Membranipora.
3	—	Cellefora.
5	—	Tubulifora.
2	—	Bugula.
1	—	Cylindracium.
3	—	Eschara.
1	—	Celleporea.
1	—	Crisia.

EXPLICATION DES PLANCHES.

Pl. I. *Pyrosome* (Bourgeonnement).

Lettres communes à toutes les figures.

ec, ectoderme.	*cl*, canaux latéraux.
en, endoderme.	*n*, système nerveux.
ms, mésoderme.	*g*, organes génitaux.

Fig. 1. Section transversale du stolon de Pyrosome.
    2. Coupe optique longitudinale du stolon de Pyrosome.
    3. Coupe optique longitudinale d'un point germinatif de Pyrosome.
    4. Section à la base d'un stolon de Pyrosome.
    5. Section parallèle au plan des canaux latéraux d'un stolon portant déjà
       plusieurs bourgeons.
    6. Section transversale d'un stolon.
    7. Section à la base d'un stolon.
    8. Section transversale d'un stolon.
    9. Section transversale d'un stolon.
   10. Coupe optique longitudinale au point germinatif.
   11. Coupe optique de trois quarts du point germinatif.
   12. N. Section de la branchie.
   13. Section de l'endostyle des parties avoisinantes.
   14. Section de la branchie en formation ; *c*, cordon cellulaire de l'un des
       canaux longitudinaux ; *s*, portion membraneuse du même ; *m* et *n*,
       canaux transverses non complétement terminés.
   15. Section de la branchie en formation.
   16. Branchie, détail.
   17. Coupe optique longitudinale d'un stolon naissant.
   18. Section à la base d'une languette.
   19. Section de l'endostyle et parties avoisinantes.

Pl. II. *Pyrosome* (Bourgeonnement).

Fig. 1. Section transversale d'un stolon de *Salpa*, *g*, *cl*, *en*, *ec*, *n*, comme à
      la planche I.
    2. Coupe optique longitudinale d'un stolon de *Salpa maxima*, *g*, *ec*, *en*,
      comme à la planche I.
    3. Ascidiozoïde pyrosome d'après le vivant; *i*, orifice inspirateur; *g*, gan-
      glion nerveux ; *gp*, gouttière péripharyngienne ; *gl*, glande latérale ;
      en, endostyle; *br*, branchie; *gd*, glande dorsale: *c*, cœur; *b*, bour-
      geon; *œ*, œsophage : *e*, estomac; *in*, intestin: *a*, anus ; *hy*, organe
      hyalin ; *o*, ovaire; *t*, testicule; *m*, muscles.
    4. Stolon de deux pièces et canal latéral : *v*, vésicule nerveuse; *ds*, ébauche
      du cul-de-sac expirateur; *in*, intestin.
    5. Stolon de trois pièces; *br*, branchie dans les bourgeons moyen et ter-
      minal; *n*, rudiment nerveux du bourgeon moyen; *g*, ovaire dans les
      bourgeons moyen et terminal; *v*, vésicule nerveuse (future fossette vi-
      bratile) du bourgeon terminal; *e*, estomac; *in*, intestin: *nf*, nerfs;

> *g*, ganglion nerveux; *e*, endostyle; *c*, cloaque; *ap*, axe du stolon; *is*, axe du bourgeon terminal.

Fig. 6. Bourgeon terminal montrant le cul-de-sac digestif; *x*, nephridia.

   7. Bourgeon vu en coupe optique sagittale; *v*, vésicule nerveuse; *in*, intestin.

   8. Bourgeon montrant la formation de l'anse intestinale; *e*, estomac; *in*, intestin; *o*, ovaire; *cp*, canal diapharyngien; *ds*, cul-de-sac expirateur.

   9. Bourgeon montrant la formation du ganglion, du canal diapharyngien et de l'orifice inspirateur; *i*, orifice inspirateur non encore ouvert; *cp*, canal diapharyngien; *s*, partie de la chambre branchiale située au-dessus du précédent; *o*, ovaire; *n*, intestin; *v*, vésicule nerveuse; *g*, ganglion nerveux.

  10. Endostyle d'un jeune individu; *lm*, lame moyenne; *ll*, lames latérales; *mn*, membranes unissantes.

  11. Endostyle de l'adulte en coupe transversale; mêmes lettres.

  12. Extrémité supérieure de l'endostyle, vue de profil de l'adulte.

Pl. III. *Pyrosome* (Bourgeonnement).

Fig. 1. Bourgeon mûr; *nf*, nerfs; *gp*, gouttière péripharyngienne; *en*, endostyle; *g*, ganglion nerveux; *t'*, tentacules dorsaux; *œ*, œsophage; *e*, estomac; *in*, intestin; *cl*, cloaque.

   2. Bourgeon de troisième rang en place; *br*, branchie; *en*, endostyle; *t'*, tentacules dorsaux.

   3. Bourgeon de troisième rang; *v*, vésicule nerveuse; *i*, orifice inspirateur; *t*, tentacule dorsal; *br*, branchie; *en*, endostyle; *hy*, organe hyalin; *o*, ovaire; *cl*, cloaque.

   4. Bourgeon de troisième rang. Les lettres ont la même signification que dans la figure précédente.

   5. Tentacule médian (*t*). L'endostyle serait du côté gauche.

   6. Orifice inspirateur vu de face.

   7. Coupe transversale de bourgeon montrant l'espace péribranchial *pb*, l'ébauche du cloaque et l'endostyle avec sa lame moyenne *lm*, ses lames latérales *ll*, et ses membranes unissantes *mn*.

   8. Coupe transversale du troisième bourgeon de la figure 5, pl. II; *e*, estomac; *pb*, espace péribranchial; *fp*, feuillet pariétal du mésoderme; *fv*, son feuillet viscéral; *m*, mésoderme de la paroi du corps; *lm*, *ll*, *mn*, comme dans la figure précédente.

   9. Section transversale d'un bourgeon non mûr; *ep*, épiderme; *sv*, sinus viscéral; *cl*, cloison destinée à disparaître, séparant encore en deux moitiés une partie du cloaque.

  10. Orifice cloacal.

Pl. IV. *Pyrosome*.

Fig. 1. Stolon. *en*, cul-de-sac endodermique; *pb*, tube péribranchial (son extrémité paraît s'arrêter au niveau du péricarde; d'autre part, il semble se continuer avec le *tissu indifférent*); *ec*, endostyle-cône. C'est un diverticule, non de l'endostyle, mais de la partie avoisinante du sac branchial; *ep*, épiderme; *pc*, péricarde; *m*, portion médiane de l'endostyle; *l*, portion latérale de l'endostyle.

Fig. 2. Bourgeon ; *v*, vésicule nerveuse.

    3. Système nerveux. *g*, ganglion ; *ph*, anneau péripharyngien ; *n*, sac cilié, organe olfactif ; *a*, nerfs antérieurs ; l_1, l_2, nerfs latéraux ; p_1, p_2, nerfs postérieurs pairs ; π, nerf postérieur impair ; lg_1, lg_2, première et deuxième languette ; *gl*, glande écrasée.

     et 5. Formation du ganglion ; *gl*, portion glandulaire.

6, 7 et 8. Trois sections transversales du ganglion du pyrosome adulte.

Pl. V. Bryozoaires.

Fig. 1. *Membranipora spinosa.*

    2. *Lepralia Mortyi.*

    3. *Lepralia Duthiersii.*

    4. *Walkeria nutans.*

    5. *Mimosella gracilis. m*, quatre groupes de muscles pariéto-vaginaux ; *rr*, muscles rétracteurs ; *mz*, muscles moteurs de la Zoécie ; *p*, pédoncule et son orifice.

    6. *Mimosella gracilis.* Extrémité d'un rameau.

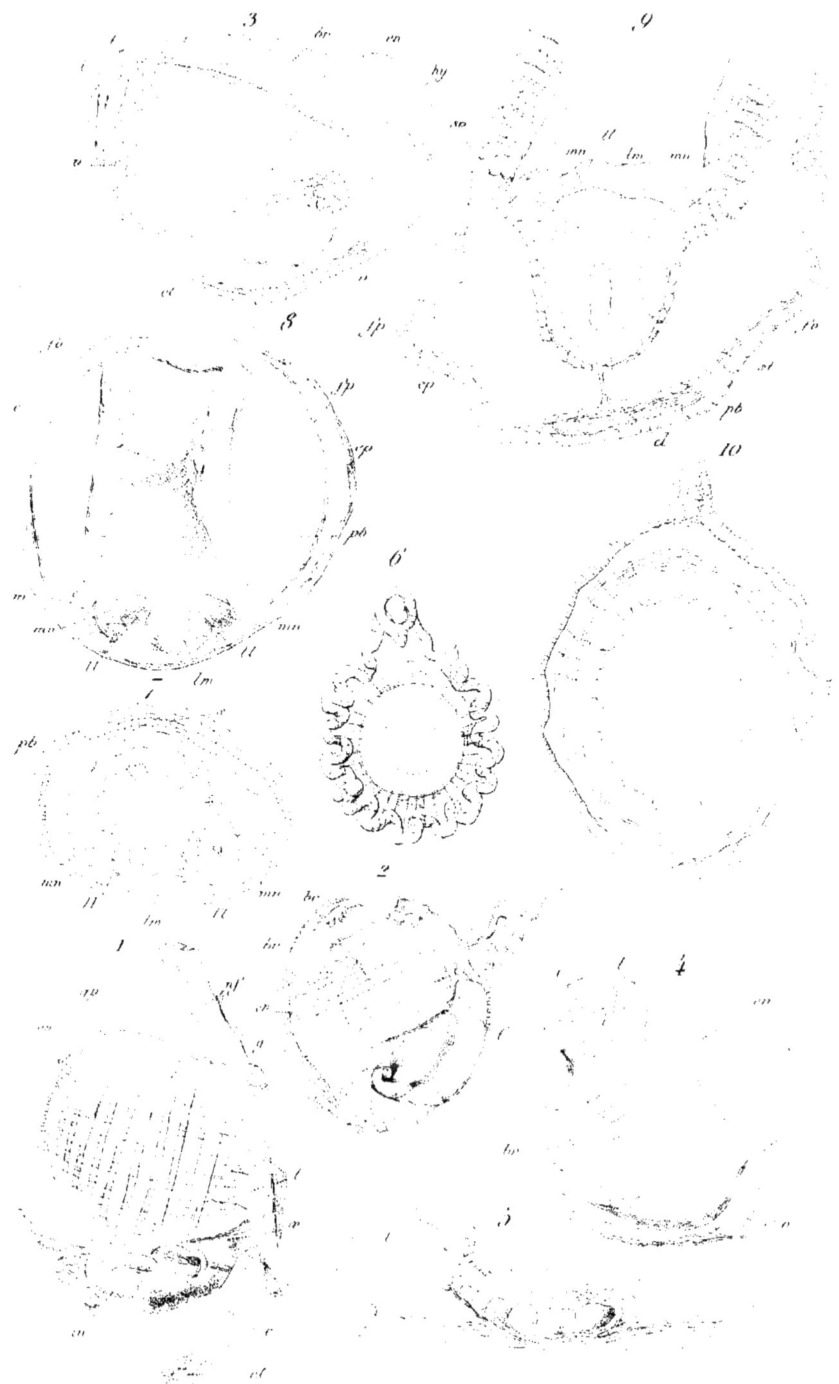
FIRROSOME (Bourgeonnement)

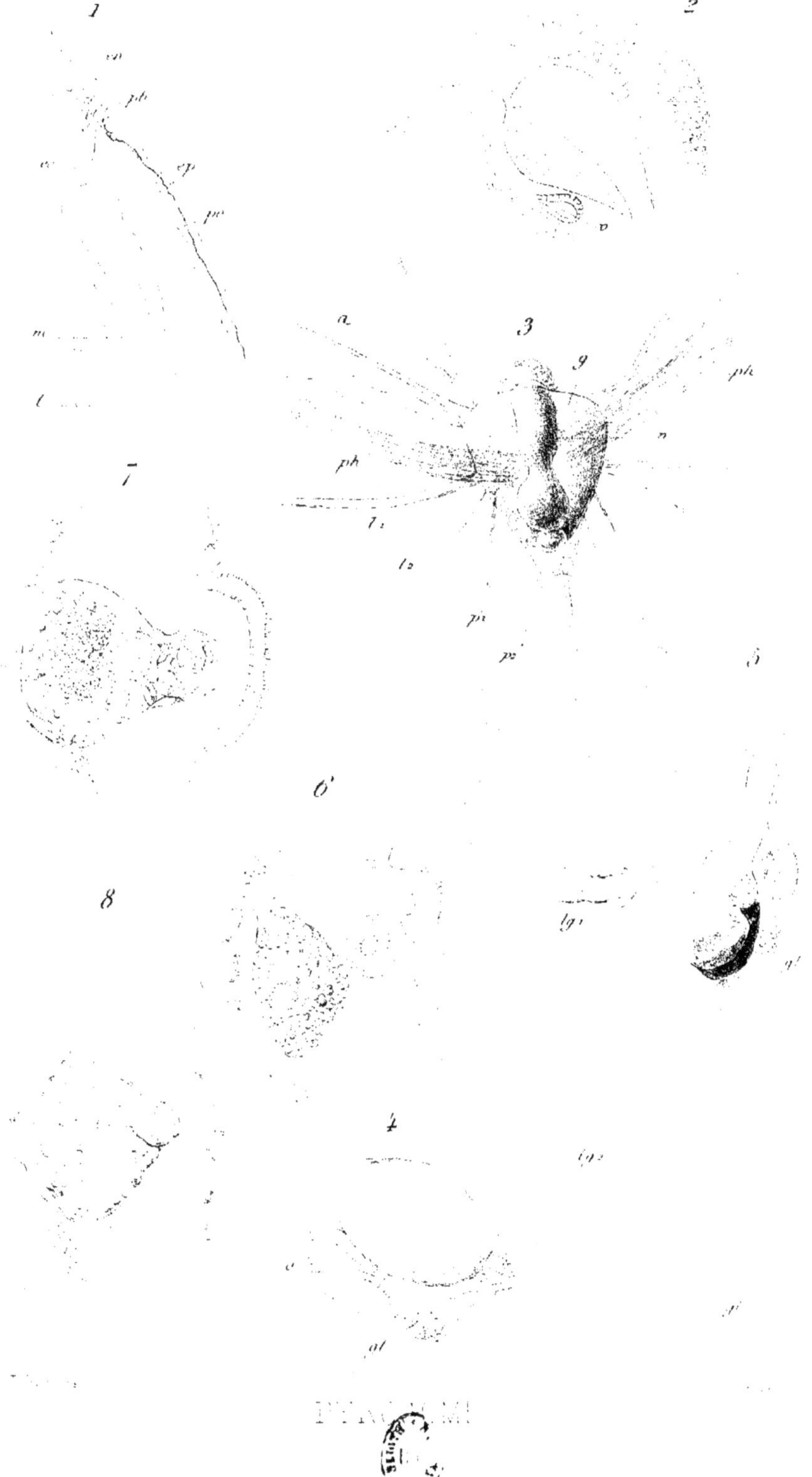
Pl. IV
1
2
3
4
5
6
7
8

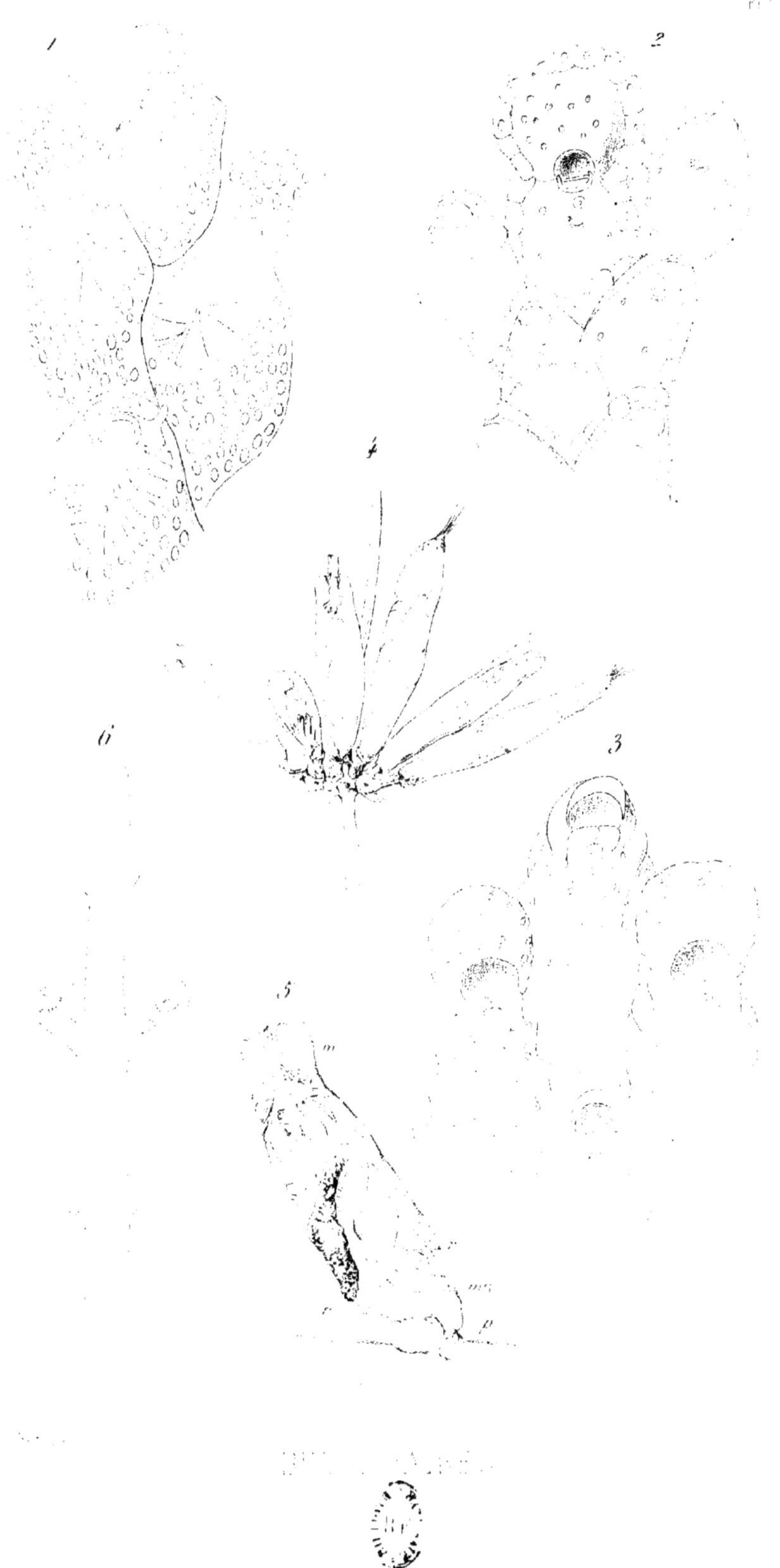